KB080051

원리를 알면 수학이 쉽다

원리를
알면
수학이
쉽다

송은영 지음

도서
출판 맑은창

책머리에

'수학'. 아, 이 단어만큼 우리 중·고등학생의 마음을 짓누르며 주눅들게 하는 것도 없으리라. 책장을 넘기면 끝도 없이 이어지는 복잡다단한 공식, 아무리 머리를 쥐어짜도 답이 그려지지 않는 문제들. 공식과 문제를 통째로 암기한다고 해서 될 일도 아니다. 검고 칙칙한 어둠이 내린 숲을 허우적거리며 헤쳐나가듯 수학이란 과목은 그 종착점은커녕 바로 앞길조차 좀처럼 보여주려 하지 않는 것 같다.

그럼에도 수학을 배워야 하는 당위성은 그러한 어려움과 딱딱함과 번거로움에 훨씬 앞선다. 원래 수학이란 고대 그리스 사상가들이 논리적이고 합리적인 생각으로 자연의 이치를 파헤치고 답을 이끌어내는 과정에서 부산물로 얻어진 것이다. 그러니 수학에서 최고의 가치로 여기는 것은 자연스럽게 논리성, 합리성, 엄밀성이 되었을밖에. 자연의 신비를 깨닫기 위한 시작은 말할것도 없고 그것을 캐물어 가는 과정을 거쳐 도달하는 결론까지 이어지는 모든 단계가 논리-합리-엄밀이란 과정으로부터 한 치도 벗어나서는 안 되었다. 수학은 너무도 서구적인 학문이라고 할 수도 있겠지만, 그렇기 때문에 서구적 토양에 그 뿌리를 굳게 박고 있는 오늘의 현대 과학 문명을 이해하기 위해서 더욱 필수적일 수밖에 없는 것이다. 사실, 20세기 현대 문

명을 이뤘고 21세기 문명을 이끌어 갈 동력원인 자연 과학과 공학의 기본적 구축 요소는 수학이다. 모래 바람이 없는 황량한 사막을 상상할 수 없듯, 수학적 뼈대없는 자연 과학과 공학은 상상 자체가 불가능한, 모래로 쌓은 집에 다름 아니다.

바로 이 사실은, "현실 생활에 아무런 도움도 주지 못할 수학을 대체 무엇 때문에 그렇게 끙끙대며 배워야 합니까?" 하고 되묻는 학생들에게, 그 이유를 절실히 일깨워 주기에 충분하다.

이 책은 수학의 기초 분야에서 선택한 주요 내용들을 알기 쉽고 재미있게 서술하고 있다.

이 책의 구성은 다음과 같이 짜여져 있다.

우선, 수학의 전 분야에 걸쳐서 골라 뽑은 내용을 좀더 친근히 접할 수 있도록, 내용과 연결될 수 있는 〈이야기〉로 앞머리를 끌어나갔다.

그리고 이어지는 〈사고하기〉에서는 〈이야기〉에서 배워야 할 수학적 내용을 좀더 구체적으로 설명하고 있다. 다음으로 〈탐구하기〉에서는 〈이야기〉와 〈사고하기〉에서 익히고 배운 수학적 지식을 근거로 해서 만든 실천적 문제를 해설과 함께 자세히 실었다. 이 문제들은 기계적 풀이가 아닌 여러분의 사고적 문제 풀이 능력에 큰 도움이 될 것이다.

마지막으로 〈좀더 알아봅시다〉에서는 그 장에서 자세히 다루지는 않았으나 관련된 내용들 중에서 알아두면 좋을 듯 싶은 것들을 추려 간략히 추가 설명을 했다.

이 글을 찾아 읽은 분들이 수학에 흥미를 갖게 되었다는 소리가 들려온다면, 그 이상 큰 보람은 없으리라.

지금 이 순간에도 끊임없이 지켜 봐 주고 격려해 주고 채찍질해 주는, 저를 아는 모든 분들께 이 지면을 통해 감사드린다.

일산에서 송 은 영

차 례

둘 째 마 당 방정식과 부등식 · 137

수와 집합의 세계

원리를 알면 수학이 쉽다

사윗감의 자격

수 개념의 탄생

이야기

원시 시대의 한 마을.

마을의 추장에게는 딸이 하나 있었다. 그런데 그녀는 어려서부터 예쁘다는 말을 수없이 들으며 자랐다. 그런 데다가 나이가 들어서 어엿한 처녀로 성장해서는 마을의 미인 대회에 참가하여 당당히 1등을 차지하기까지 했다.

그러니 이 집 저 집에서 하루가 멀다 하고 물밀 듯이 밀려든 청혼 제의야 헤아릴 수조차 없었다.

"이보게나, 우리는 불알 친구가 아닌가. 내 자식놈에게 자네 딸을 줄 수 없겠는가. 그러면 우리는 사돈지간이 되고……."

"저는 가진 거라곤 돈밖에 없습니다. 저에게 따님을 주시면……."

"제가 따님과 결혼하면 평생토록 손끝에 물 한 방울 묻히지 않고 호강하며 살 수 있도록 해줄 것을 이 자리에서 맹세합니다."

상황이 이렇게까지 되다 보니 추장은 고민하지 않을 수 없었다. 그는 사윗감이 될 수 있는 자격을 여러 차례 딸과 논의한 끝에 이렇게 발표했다.

"내 딸에게 장가 올 수 있는 사내는 지혜로운 청년이어야 한다. 그래서 우리 부녀는 토론 끝에 다음과 같은 결론을 내렸다. 다음의 문제를 거뜬히 풀어내는 청년에게 내 딸을 기꺼이 줄 것이다."

하면서 추장은 문제를 문 앞에 붙였다.

추장이 낸 문제는 이러했다.

〈우리 마을에 있는 나무는 총 몇 그루인가?〉

사고하기

믿어지지 않는 결과

결과는 어떠했을까?

정답자가 부지기수로 나왔을 것이라는 예상과는 달리 추장의 딸은 안쓰럽게도 마땅한 배필을 구하지 못하고 평생을 혼자 살다가 늙어서 죽을 수밖에 없었다. 추장의 허세와 욕심이 지나쳤거나 딸의 콧대가 세고 눈이 높았기 때문이 아니다. 그 마을에 심어져 있는 나무는 총 365 그루였는데, 그 만큼의 수를 셀 줄 아는 청년이 단 한 명도 없었던 까닭이다.

"어떻게 1부터 365까지를 셀 줄 아는 청년이 단 한 명도 없을까?"

이러한 외침도 전혀 무리는 아니다. 요즘의 시각으로 봐선 도무지 납득이 가지 않는 그저 황당한 이야기일 뿐이기 때문이다.

도저히 믿어지지 않는 결과, 그러나 이런 일은 원시 미개 사회에선 충분히 가능한 일이었다. 아니, 그 시대까지 멀리 거슬러 올라가지 않아도 된다. 우주로 시각을 뻗치고 있는 요즘도 남태평양 제도나 오스트레일리아 그리고 아프리카의 밀림에서 삶을 틀고 있는 적잖은 원주민이 셋 이상만 넘으면 무조건 '많다'라고 셈을 하고 있으니 말이다.

수 개념의 탄생

'하루 아침에 이루어지는 건 없다'라는 말이 있다. 이 말은 수 개념의 탄생에 그대로 이어진다. 인류가 수의 개념을 터득한 과정이 이와 다르지 않기 때문이다.

인류가 처음부터 백을 알고, 천을 터득하고, 만을 깨우친 것은 아니다. 최초의 인류는 '하나'라는 개념조차 명확히 알고 있지 못했다. 그러나 삶을 살아가면서 대응적 관계로 수를 차츰차츰 인지하게 되었다. 일예로 밭을 매고 논을 갈 때 없어서는 안 될 소와 돌멩이를 하나씩 대응시키면서 소 하나와 돌 하나, 또 소 하나와 돌 하나, 또 소 하나와 돌 하나…와 같은 식으로 수에 대한 인식의 폭을 차츰차츰 넓혀 나갔던 것이다.

이 과정이 얼마나 힘겨웠던 것인가는 영국의 저명한 수학자인 러셀 (Bertrand A. M. Russel, 1872~1970)의 다음 말이 충분히 암시해 준다.

"인류가 이틀의 2와 닭 두 마리의 2를 동일한 수로 파악하기까지에는 수천 년의 세월이 걸렸다."

일대일 대응으로 터득

그렇다면 인류는 큰 수를 어떻게 이해하기 시작했을까? 거기에 나무 막대와 돌멩이가 적절히 이용되었다.

예를 들어, 추장이 100마리의 양과 200마리의 염소를 기른다고 하자. 그러면 그는 100과 200이라는 큰 수를 셈할 수 있는 능력이 없기 때문에 양과 염소의 수를 정확히 대체할 수 있을 만큼의 나무막대 100개와 돌멩이 200개를 항시 지니고 있어야 했다.

또는 무인도에 홀로 난파된 로빈슨 크루소가 하루가 지날 때마다 나무에 한 줄씩 선을 그어서 날짜를 표시했듯이 양과 염소의 수만큼 나무에 눈금을 그어서 나타내기도 했다.

그래서 어미 양 1마리가 2마리의 새끼 양을 낳아서 숫자가 늘어나면 나무에 눈금 둘을 추가해서 그리거나 돌멩이 두 개를 자루에 더 담는 식으로 큰 수의 개념을 익히고 배워 나갔던 것이다.

주변에서 나무나 돌멩이를 찾기 힘들 때에는 손가락이나 발가락을 이용하기도 했다. 양 1마리는 오른손 엄지손가락, 양 2마리는 오른손 검지손가락, …, 양 10마리는 왼손 새끼손가락, …, 양 20마리는 왼발 새끼발가락 하는 식으로 말이다.

그처럼 가축 한 마리에 나무 눈금, 돌멩이, 손가락, 발가락을 하나씩 연결하는 방법을 '일대일 대응'이라고 한다. 즉, 인류는 일대일 대응을 통해서 수를 체득하고 셈법을 배운 것이다.

문제

500원짜리 동전 두 개가 있다. 하나를 책상에 고정시켜 놓고 다른 하나를 고정시킨 동전 둘레로 회전시킨다.

회전하는 동전이 다시 처음 위치로 오기까지 몇 바퀴를 회전해야 하나?

(ㄱ) 반 바퀴만 회전하면 된다.

(ㄴ) 한 바퀴를 회전해야 한다.

(ㄷ) 두 바퀴를 회전해야 한다.

(ㄹ) 세 바퀴를 회전해야 한다.

(ㅁ) 네 바퀴를 회전해야 한다.

언뜻 한 바퀴일 듯 싶지만, 두 바퀴이다. 이러한 결과는 동전의 크기가 같기만 하면 항상 동일하다. 믿어지지 않으면 당장 해보시기를. 500원짜리, 100원짜리, 50원짜리 동전으로.

∴ 정답은 (다)이다.

Mr. 퐁은 오리 네 마리를 키우고 있다. 며칠 동안 이들이 낳은 알의 수를 세어 보니 하루 평균 두 개였다. 이들이 이런 비율로 알을 낳는다고 할 때, 오리 한 마리, 한 마리가 같은 수의 알을 낳기 위해 필요한 최소한의 시일은 며칠일까?

(ㄱ) 하루면 된다.

(ㄴ) 이틀이 지나야 한다.

(ㄷ) 사흘을 기다려야 한다.

(ㄹ) 나흘이 걸린다.

(ㅁ) 닷새가 흘러야 한다.

네 마리의 오리가 하루 평균 낳는 알의 수가 두 개이니, 이틀이 지나면 네 개, 사흘이 흐르면 여섯 개, 나흘이 지나면 여덟 개…가 된다.

이 중 오리의 수 4로 나누어 떨어지는 최소의 수는 8이다. 따라서 Mr. 퐁의 오리는 나흘이 지나면 한 마리 당 두 개씩의 알을 낳는 셈이 된다.

∴ 정답은 (라)이다.

간단한 수학 퀴즈 하나를 더 생각해 보자.

원시 시대의 마을.

통나무 12개로 이어 붙인 추장의 마구간은 다음과 같은 3구역으로 나누어진 정사각형이었다. 그런데 말은 3마리였다.

추장은 이걸 똑같은 모양의 정사각형 셋으로 이루어진 마구간으로 고치고 싶었다. 하지만 조건이 있었다. 마을의 주술사가 이르기를, "통나무를 꼭 4번만 옮겨야 합니다. 그래야 말들이 병 없이 자라 새끼를 낳을 수가 있거든요."라고 했기 때문이다.

통나무를 어떻게 이동시키면 주술사의 뜻에도 어긋나지 않고 추장의 바람대로 마구간을 고칠 수 있을까?

다음과 같이 양쪽 모서리에 걸친 두 개의 통나무를 이동해 하나의 정사각형을 이어 만들면 된다.

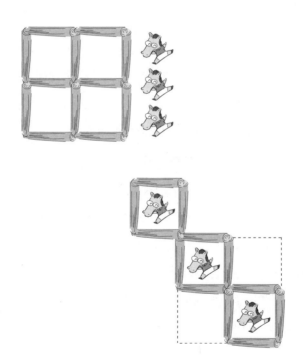

원리를 알면 수학이 쉽다

만석꾼의 유언

수의 종류

이야기

수리적 위치 동경 125°10′ ~127°10′, 북위 38°4′ ~40°20′, 면적 1만 4,944킬로미터, 한반도 북서부에 자리잡고 있으며, 동으로는 함경남도, 남으로는 황해도, 북으로는 평안북도에 접해 있고, 서로는 황해에 면해 있으며, 도의 남서쪽에 평양이 있는 평안남도.

남북 방향으로 뻗어내려 태백산맥에 이어지고 험준하기 이를 데 없는 낭림산맥의 낭림산(2014m)과 웅어수산(2019m)에서 시작하여 황해로 도도히 흘러들어가는 청천강 밑자락에 널찍하게 자리잡은 안주평야, 그 곳에 10대째 만석꾼으로 터를 잡아온 집안이 있었다.

지난 밤 동안 자욱히 내렸던 어둠의 커튼을 다시 들어올리기가 싫다는 듯, 하늘은 이른 아침부터 검었다. 진한 먹물로 도배를 해놓은 것처럼 시간이 흐를수록 천지는 더욱 어두워만 갔다. 참 요상스런 날씨였다.

그런 일기 때문이리라. 아이들의 발소리며 어른들의 기침소리며 소

들의 울음소리로 시끄러워야 할 시간이었건만, 세상은 매우 고요했다. 침을 삼키기가 미안할 만큼 적막이 세상을 내리누르고 있었다.

"다들 모였느냐?"

김만석은 평소 같으면 옆 사람도 듣기 힘든 작은 음성으로 말했다.

"네."

큰아들 천석이 대답했다.

김만석의 안방엔 온가족이 모여 있었다. 몸을 세우기도 힘이 들어 아랫목에 누워 있는 초췌한 김만석 옆에는 안주인 주봉례가 걱정스런 눈빛으로 남편을 바라보고 있었고, 그 옆으로 아들 삼형제가 차례로 무릎 꿇고 앉아 있었다.

"이미 짐작은 하고 있겠지만, 오늘 모이라 한 것은 다름아닌 유언 때문이다."

김만석은 힘겹게 목소리를 이어갔다.

"우리 집 쌀 창고가 열여섯 개든가, 열일곱 개든가?"

김만석은 기억마저도 가물가물한지 고개를 갸우뚱거리며 지그시 눈을 감았다.

"열여덟 개예요."

주봉례는 안타까운 표정을 지으며 일러주었다.

"언제 하나가 더 늘었지?"

김만석은 쓸쓸한 미소를 지었다. 그러고는 잠시 고민하는 듯 싶더니 아내 주봉례를 불렀다.

"여보, 이리 좀 ……."

김만석은 주봉례의 귀에 소곤소곤 뭔가를 말했고 곧이어 주봉례는 자세를 가다듬었다.

"애들아!"

"네, 어머님."

연습이라도 한 듯 세 아들은 한 목소리로 대답했다.

"유언만큼은 아버지께서 직접 하려고 하셨는데 워낙 기력이 없으셔서 이 에미가 대신 전해야 할 것 같구나. 곧 있으면 나도 저 세상으로 떠날 사람인데 유산이 무슨 필요가 있겠느냐만, 너희 아버지께선 굳이 나에게도 창고 하나를 남겨주시는구나. 그 나머지는 너희 삼형제가 나눠 가지라고 하시는데, 자세한 내용은 유언장에 들어 있다는구나."

주봉례는 경대 서랍을 열어 두루마리를 꺼냈다. 그리고는 동여 맨 붉은 실을 풀었다.

· 유 언 장 ·
장남 천석은 이등분한 하나를 갖는다.
차남 백석은 삼등분한 하나를 갖는다.
막내 십석은 구등분한 하나를 갖는다.
단, 창고는 10대조 어른께서 손수 지으신 것이니 약간의 흠집이라도 내선 절대 안 된다.

아들 삼형제가 차례로 유언장을 읽는 걸 보며 김만석은 조용히 눈을 감았다.

장례를 치른 지도 어언 한 달이 흘렀다. 그러나 김만석의 세 아들은 이때까지도 아버지의 유언을 해결하지 못하고 있었다.

'어떻게 하면 17개의 창고를 손상시키지 않고 이등분, 삼등분, 구등분할 수 있을까?'

오늘도 아들 삼형제는 안방에 모여 앉아서 깊은 고민에 빠져 있었다.

"내가 좀 들어가도 되겠니?"

주봉례였다.

"그럼요, 어머니. 어서 들어오세요."

아들 삼형제는 황급히 일어났고 방으로 들어온 주봉례는 아랫목으로 가 앉았다.

"너희 아버지께선 도와주지 말라고 신신당부하셨지만, 힘들어 하는 모습이 측은해 더는 못 보고 있겠구나."

세 아들의 눈은 빛나고 있었다.

"17은 이등분, 삼등분, 구등분한다는 것이 불가능한 수다. 그렇지만 이보다 하나 더 큰 수 18은 그것이 가능한 수다. 그러니 내 몫의 창고를 잠시 빌려다 계산한 뒤 돌려주면 문제는 간단히 해결될 것이다."

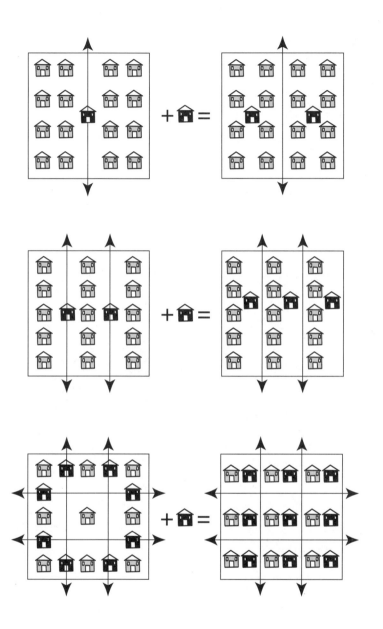

문명과 문자

인류는 선사시대를 지나 문자 있는 역사시대로 접어들면서 문명을 탄생시켰다. 이는 이웃하지 않은 네 지역에서 비슷한 시기에 발생하였는데, 이른바 '세계 4대 문명 발상지'라고 하는 곳이 그 곳으로, 메소포타미아의 티그리스-유프라테스 강 유역, 이집트의 나일 강 유역, 인도의 인더스 강 유역, 중국의 황하강 유역이 거기에 속한다.

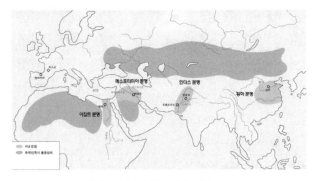

세계 4대 문명 발상지의 위치 그림

만물의 영장인 인간은 사고 능력을 마음껏 발휘하여 수의 개수를 한껏 늘려 나갔다.

하나, 둘, 셋, 넷, 다섯……

그러나 각 문명이 수를 표시하는 방법은 일정하지 않았는데 구체적인 형태는 다음과 같다.

28

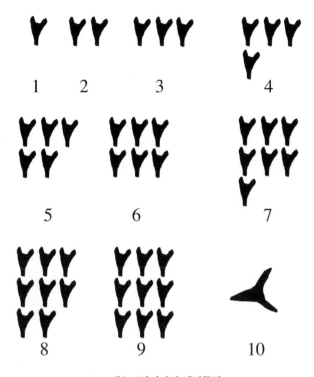

메소포타미아의 쐐기문자

오늘날의 바그다드와 바스라 일대 지역이었던 메소포타미아의 바빌로니아 인은 진흙으로 만든 판자에 쐐기 형태의 문자를 긁어서 수를 표시했다. 이를 '쐐기 문자' 라고 부르는데, 아마도 이것이 세계 최초의 숫자인 듯싶다.

이집트 인은 진흙판 대신 파피루스라고 하는 갈대로 만든 종이에 수직으로 긁고 구부려서 수를 나타냈다. 그리고 중국인과 인도인도 그 나름대로의 특유한 방식으로 수

파피루스

를 표기하였다. 중국의 숫자는 우리에게 낯설지 않은 한자어로 발전했고, 인도의 숫자는 아라비아 숫자로 변화했다.

一, 二, 三, 四, 五, 六, 七, 八, 九, 十……
1, 2, 3, 4, 5, 6, 7, 8, 9, 10……

오늘날 특수한 몇몇 곳에서 혹은 시계 등에서 로마 숫자(Ⅰ, Ⅱ, Ⅲ, Ⅳ, Ⅴ…)를 사용하고 있긴 하지만, 아라비아 숫자가 수를 표시하는 대표임은 다 아는 사실이다.

그래서 그런 걸까? 누구에게 물어봐도 수라고 하면 어김없이 1, 2, 3, 4, 5……를 퍼뜩 떠올리고 읊고 쓴다. 그리 심각하게 생각하려고 애쓰지 않아도 자연스럽게 튀어나오는 숫자가 바로 이것이다. 그래서 이 수를 '자연수'라고 부른다. 그러나 수학적 의미로 보자면 아라비아 숫자가 곧 자연수는 아니다. 왜냐하면 자연수는 0(영)을 포함하지 않기 때문이다.

솟수

큰 수이건 작은 수이건 자연수는 반드시 1을 더한 꼴로 나타낼 수가 있다.

$345 = 344 + 1$
$101109 = 101108 + 1$

30

그리고 모든 자연수는 1을 곱한 형태로도 표시할 수 있다.

$$345 = 345 \times 1$$
$$101109 = 101109 \times 1$$

그러나 이 두 표시 방법에는 차이가 있다. 덧셈에서는 1이 하나씩 늘어감에 따라서 숫자가 작아지는 반면, 곱셈에서는 전혀 그렇지 않다. 1이 무한정 늘어나더라도 숫자는 그대로인 것이다.

$$345 = 344 + 1 = 343 + 1 + 1 = 342 + 1 + 1 + 1 \cdots\cdots$$
$$101109 = 101108 + 1 = 101107 + 1 + 1 \cdots\cdots$$
$$345 = 345 \times 1 = 345 \times 1 \times 1 = 345 \times 1 \times 1 \times 1 \cdots\cdots$$
$$101109 = 101109 \times 1 = 101109 \times 1 \times 1 \cdots\cdots$$

그렇다고 해서 그보다 작은 수의 곱으로 자연수를 표시할 수 없는 건
아니다.

$$345 = 3 \times 5 \times 23$$
$$101109 = 3 \times 33703$$

이제 23이란 수와 33703이란 수에 관심을 가져 보자.

이 두 수는 아무리 나타내려고 해도 1보다 큰 수의 곱으로 표시할 수
가 없다. 그저 자기 자신과 1을 곱해서 나타내는 방법 이외엔 다른 묘안
이 없는 것이다.

$$23 = 1 \times 23$$
$$33703 = 1 \times 33703$$

이런 수를 '솟수'라고 한다.

즉 2, 3, 5, 7, 11, 13, 17, 19, 23 …… 등과 같이 솟수란 '1과 자신
의 곱으로밖에는 표시할 수 없는 수'를 말한다.

음수와 정수

최소의 자연수 1보다 작은 수는?

"0이요."

그렇다면 0보다 작은 수는?

"음수요."

그렇다. 음수란 0보다 작은 수로 자연수 앞에 '-'를 붙인 -1, -2, -3, -4, -5, -6 ……을 뜻한다. 자연수와 음수는 0을 기준으로 대칭이다. 즉 0의 오른쪽으로 +1, +2, +3, +4, +5, +6 ……을 써 나가면, 왼쪽으로는 -1, -2, -3, -4, -5, -6 ……을 써 나갈 수 있다.

이때 +1, +2, +3, +4, +5, +6 ……을 '양의 정수(양의 정수 앞의 +는 일반적으로 생략한다)', -1, -2, -3, -4, -5, -6 ……을 '음의 정수'라고 부르는데, 여기에 0을 포함시켜 '정수'라고 부른다. 다시 말해, 정수란 자연수(양의 정수)와 영(0) 그리고 음수(음의 정수)를 합한 숫자의 모임이다.

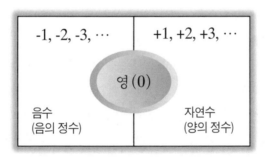

정수의 세계

자연수와 자연수를 더하거나 곱해도 그 결과는 항상 자연수이다. 그러나 자연수에 자연수를 빼면 그렇지 않은 경우가 허다하다.

작은 수에서 큰 수를 빼면 자연수가 나오지 않기 때문이다. 다음처럼 말이다.

3-7, 13-56, 123-456, 2345-6789

그래서 음수가 필요했고 탄생했다.

$3-7=-4$

$13-56=-43$

$123-456=-333$

$2345-6789=-4444$

$56748-98724=-41976$

유리수

그에 비해 정수는 약간 다른 성질을 가진다. 숫자의 양이 늘어난 만큼 계산 결과물의 수용 폭도 넓어졌다. 정수와 정수를 더하거나 빼거나 곱해도 그 결과는 항상 정수다. 그러나 자연수와 자연수를 뺀 결과가 항상 자연수가 못 되듯, 정수와 정수를 나눈 결과 역시 반드시 정수는 아니다. 이는 분자가 크든 분모가 크든 가리지 않고 나타난다.

$$\frac{3}{4}, \quad \frac{11}{4}, \quad \frac{23}{3}, \quad \frac{2347}{4}, \quad \frac{3}{234}, \quad \frac{3}{23573}$$

이 수들은 더 이상 나누어질 수 없는 수이면서 정수로 나타낼 수 없는 수이다. 이런 수를 '유리수'라고 한다. 즉 유리수란, 분수의 꼴로 표시되는 수를 말한다.

정수에도 양의 정수와 음의 정수가 있듯, 유리수에도 양의 유리수

$$(+\frac{3}{4} , +\frac{11}{6} , +\frac{23}{3} , +\frac{2347}{2} , +\frac{234}{2} , +\frac{37}{2357})와$$

음의 유리수$$(-\frac{3}{4} , -\frac{11}{6} , -\frac{23}{3} , -\frac{2347}{2} , -\frac{234}{2} , -\frac{37}{2357})$$
가 있다.

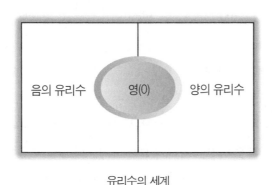

음의 유리수   영(0)   양의 유리수

유리수의 세계

우리는 이제 알았다. 삼형제가 어머니의 도움이 있기까지 아버지의 유언을 해결하지 못한 이유가, $\dfrac{17}{2} , \dfrac{17}{3} , \dfrac{17}{9}$ 의 결과가 정수가 되지 않는 유리수였기 때문이란 사실을 말이다.

유리수는 분수로 표시한다. 그리고 분수는 소수로 표현할 수 있다. 분수와 소수는 동전의 앞면과 뒷면이라고나 할까? 어찌됐건, 분수를 소수로 고치면 그 결과는 나누어 떨어지는 것과 그렇지 않은 것이 있는데, 앞의 것을 '유한 소수', 뒤의 것을 '무한 소수'라고 한다.

$$\frac{1}{2} = 0.5 (유한 소수)$$

$$\frac{1}{3} = 0.333333333 \cdots\cdots (무한 소수)$$

자연수의 한계성을 정수가 넓혀주었듯, 유리수 역시 정수의 폭을 확장시켰다. 0과 1 사이에 더 이상의 정수는 존재하지 않는다. 그러나 분수와 소수를 사용하면 그 좁은 틈 사이에서도 끝없이 수를 만들어낼 수가 있다.

$$\frac{1}{10} = 0.1, \quad \frac{1}{100} = 0.01, \quad \frac{1}{1000} = 0.001, \quad \frac{1}{10000} = 0.0001$$

피타고라스와 무리수

이제 유리수는 모든 수를 총괄하는 수인 듯 싶다. 정수와 정수 사이의 그 비좁은 틈을 비집고 들어가 꽉꽉 채웠으니 그렇게 느끼는 것도 무리는 아니다. 심지어는 고대 그리스의 대학자 피타고라스도 "선분은 점들의 모임이다"라고 역설하면서, "모든 선분의 길이는 유리수로 표현할 수 있다"라고 거리낌없이 선언했을 정도였으니까. 그러나 피타고라스는 자신이 발견한 위대한 정리, 즉 피타고라스의 정리로 인해 스스로 내뱉은 말이 너무도 과장된 거짓이었음을 시인하지 않을 수 없었다. 위대한 수학자 피타고라스를 자가당착에 빠뜨린 놀라운 결과는 한변이 1인 정사각형의 대각선을 계산하는 과정에서 나타났다.

피타고라스

36

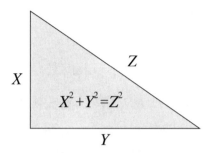

직각삼각형의 높이를 X, 밑변을 Y, 빗변을 Z라고 하면
항상 다음의 결과가 성립한다.

$$X^2 + Y^2 = Z^2$$

이것이 피타고라스의 정리다.

이것을 한 변이 1인 정사각형의 대각선을 계산하는 문제에 적용하면, 다시 말해 피타고라스의 정리에 $x=1$, $y=1$을 대입하면 "$z^2=2$"란 식이 나온다. 이것은 제곱해서 2가 되는 수를 찾으라는 문제와 다름없다.

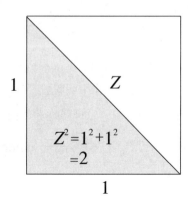

이 식은 유리수의 범위 안에선 결코 풀리지 않는 새로운 수의 창출을 요구했다. 이렇게 해서 피타고라스가 '절대 입 밖에 내서는 안 되는 수'라고 쉬쉬한 '무리수'가 탄생하였다.

실수, 허수, 복소수

지금까지 익힌 모든 수, 그러니까 자연수, 정수, 유리수, 무리수를 통틀어 '실수(real number)'라고 한다. 그런데 왠지 모르게 실수만 홀로 존재한다는 게 미적지근하다. 왼손에는 오른손, 양(+)극에는 음(-)극, N극에는 S극이 어엿하게 대응하고 있듯, 실수에도 대응하는 수가 있으면 좋을 듯 싶다. 이름 그대로 실제의 수(real number)에 대응하는 가상의 수 말이다.

제곱해서 2가 되는 수로부터 무리수를 발견했듯이, 제곱해서 -1이 되는 수를 생각하면 무엇을 발견할 수 있을 듯도 하다. 아무리 궁리를 하고 또 머리를 짜도 이것의 답은 좀처럼 떠오르지 않는다.

사실, 이것의 해결은 실수의 범위 안에서는 전혀 가능하지 않다. 이것의 답은 가상의 수 속에서 찾아야 하는데, 그것이 속한 수를 그래서 '허수(imaginary number)'라고 한다.

실수를 생각하는 것만으로도 머리가 어질어질한데 거기에다가 허수까지 고려한다. 아, 혼란스럽다. 그래서일까? 실수와 허수를 합친 수를 그 이름도 그럴 듯하게 복잡한 수, 즉 '복소수(complex number)'라고 부른다.

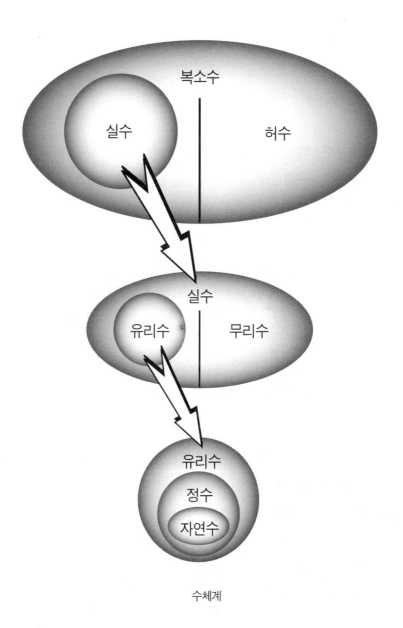

복소수

실수　　　허수

실수

유리수　　무리수

유리수

정수

자연수

수체계

문제

작은 원은 그보다 큰 원에 그려 넣을 수 있다. 예를 들면, 지름 4센티미터의 원에는 지름 2센티미터의 원을 2개 그려 넣을 수 있다.

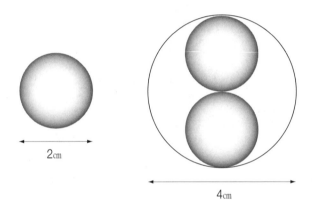

2cm

4cm

그렇다면 지름 6센티미터의 원에 지름 2센티미터의 원은 최대 몇 개까지 그릴 수 있을까?

(가) 최대 3개까지 그릴 수 있다.

(나) 최대 5개까지 그릴 수 있다.

(다) 최대 7개까지 그릴 수 있다.

(라) 최대 9개까지 그릴 수 있다.

(마) 최대 11개까지 그릴 수 있다.

큰 원의 지름이 6센티미터이니, 지름을 축으로 하면 2센티미터의 원을 3개까지 이어 그릴 수 있다. 이런 식의 그려 넣기는 3방향이 가능하다. 따라서 다음 그림처럼 최대 7개까지 그려 넣을 수 있다.

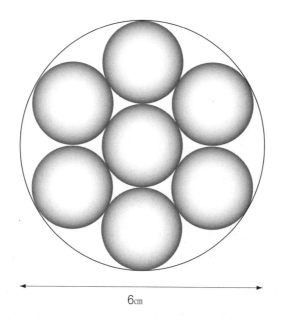

6㎝

∴ 정답은 (다)이다.

숫수란 1과 자기 자신 이외의 약수는 가지지 않는 수이다. $101 = 1 \times 101$처럼. 그리고 1은 숫수에서 제외한다고 약속했다. 그렇다면 1부터

100까지에는 몇 개의 솟수가 있을까?

　(가) 71개가 있다.

　(나) 49개가 있다.

　(다) 37개가 있다.

　(라) 25개가 있다.

　(마) 13개가 있다.

　한국에서 미국 로스앤젤레스로 가는 길은 여러 가지다. 태평양, 대서양, 인도양, 남극해, 북극해를 횡단해서 가도 도착할 수는 있다.

　하지만 태평양을 건너는 지름길을 놔두고 굳이 빙 돌아갈 필요는 없다. 솟수를 구하는 것도 마찬가지다. 무작정 찾아낼 수도 있지만, 가장 쉬운 방법을 이용하는 것이 여러 면에서 이롭다.

　솟수를 구하는 방법으로는 '에라토스테네스의 체'라는 것이 있다. 이것은 배수를 차례차례 지워 나가는 방법으로, 우선 솟수가 아닌 1을 지우고 다음으로 2의 배수, 3의 배수, 4의 배수, 5의 배수, 6의 배수……를 차례로 지워 나간다. 그러면 표시되지 않고 남는 수가 있는데, 그것이 솟수다. 1부터 100까지에는 25개의 솟수가 있다.

　∴ 정답은 (라)이다.

1, 2, 3, 4, 5, 6, 7, 8, 9, 10
11, 12, 13, 14, 15, 16, 17, 18, 19, 20
21, 22, 23, 24, 25, 26, 27, 28, 29, 30
31, 32, 33, 34, 35, 36, 37, 38, 39, 40
41, 42, 43, 44, 45, 46, 47, 48, 49, 50
51, 52, 53, 54, 55, 56, 57, 58, 59, 60
61, 62, 63, 64, 65, 66, 67, 68, 69, 70
71, 72, 73, 74, 75, 76, 77, 78, 79, 80
81, 82, 83, 84, 85, 86, 87, 88, 89, 90
91, 92, 93, 94, 95, 96, 97, 98, 99, 100

에라토스테네스의 체

　　김만석의 아들 삼형제는 어머니의 조언으로 멋들어지게 유언을 해결했다. 17은 나누어 떨어지는 것이 불가능했으나 거기에 1을 더한 수 18은 2와 3과 9로 모두 나누어 떨어졌는데, 이것은 18이 2와 3과 9의 공통된 배수였기 때문에 가능했다.

　　이 경우의 18처럼 어떤 수들의 공통된 배수를 '공배수' 라고 하고, 그 공배수 중에서 가장 작은 수를 '최소 공배수' 라고 한다. 예를 들어, 2와 3과 9의 공배수는 18 말고도 36, 54, 72, 90, 108⋯⋯ 등 무수한데, 그 중에서 가장 작은 수 18이 최소 공배수가 된다.

　　그리고 어떤 수들의 공통된 약수를 '공약수' 라고 하며, 그 중 가장 큰 약수를 '최대 공약수' 라고 부른다. 예를 들어, 10은 100, 1000, 10000의 공통 약수, 그러니까 공약수다. 하지만 이 세 수의 공약수는 10 말고도 2, 5, 20⋯⋯ 이 있는데, 그 중에서 가장 큰 수 100을 최대 공약수라고 한다.

아날로그 사와 디지털 사
진법

하이얀 구름 한 점 없는 하늘도 드높고 넓었다. 가이없이 펼쳐진 푸르름은 다가가기가 아득해 보였지만 훅 불면 날아갈 듯 얇게 덧씌워져 있었다.

그 시간, 국립식물원 내 102연구실에서는 열띤 토론의 장이 펼쳐지고 있었다.

"바쁜 시간을 내서 이 자리에 참석해 주신 연구원 여러분들께 감사드립니다."

식물원장 강명환 박사는 말을 이었다.

"한 달 후 우리 식물원에는 희귀 식물군이 들어올 예정입니다."

실내는 잠시 들썩였다.

"그 식물들은 온도에 굉장히 민감합니다. 그래서 온도 조절 장치를 설치해야 하는데, 여러분들의 의견을 듣고자 이 자리에 참석해 주십사

했습니다."

국립식물원측은 이미 정부와 사전 대화를 통해 두 업체를 선정했고, 마지막 한 장의 카드를 선택하기 위해서 오늘의 이 자리를 마련한 것이다. 두 회사는 아날로그 기기와 디지털 장비를 전문적으로 생산, 설치하는 업체다.

식물원장의 소개가 끝나자 도수 높은 검은 색 뿔테 안경을 낀 40대 중반의 남자가 단상으로 올라갔다.

"안녕하십니까, 아날로그 사 이재형입니다."

의식적인 인사에 답하는 가벼운 박수가 나온 뒤 실내등이 꺼졌다. 이재형은 오버헤드 프로젝터(OHP)에 필름을 올려놓았다. 스크린에는 1부터 250까지의 숫자가 시계 방향으로 써 있는 원형 기기가 나타났다.

"국립식물원측에선 밝기의 조절이 1눈금 단위로 250와트까지 가능해야 한다고 했습니다. 그래서 저희 회사에서는 누구나 간편하게 사용할 수 있는 다이얼식 조절판을 생각했습니다. 시계 방향으로 돌리면 250와트까지 조절되고 다시 시계 반대 방향으로 돌리면 0와트가 됩니다."

앞 좌석에 앉은 Mr. 퐁이 오른손을 들었다.

"의문나는 점이 있으신가 본데 말씀해 보세요."

이재형은 옅은 웃음까지 띠며 태연스레 말했다.

"이번에 들어올 식물들은 온도와 밝기에 민감한데 그 정도로 충분할까요?"

"그림상으로 작아 보이지만, 실제는 지름이 1미터나 됩니다. 그러니까 3.14미터의 둘레에 250개의 눈금이 1.256센티미터 간격으로 배열

돼 있어서 손으로 작동시키는 데 조금도 어려움이 없습니다."

"아무리 그렇더라도, 손으로 눈금을 맞추다는 건 한계가 있을 듯싶은데요."

Mr. 퐁은 고개를 갸우뚱거리며 물었다.

"손 떠는 증상을 갖고 있지 않는 한 그 정도야 능히 가능하지 않겠습니까?"

이재형은 웃었다. 그냥 넘어갔으면 하는 투였다. 그러나 Mr. 퐁은 그럴 수 없었다.

"간단한 아이들 장난감이나 만들자고 이 자리에 모인 건 아니라고 생각합니다. 얼렁뚱땅은 용납되지 않는 엄밀한 과학을 논하는 토론의 장이 되어야 할 겁니다."

Mr. 퐁은 학생을 꾸짓듯 말을 뱉었고, 이재형은 연신 흐르는 땀을 훔쳤다.

"아날로그 사에서 개발한 기기는 거의 2와트라고 느낄 수 있을 만큼의 위치까지 돌려놓을 수는 있을 것 같군요. 하지만 그것이 꼭 2와트라고 단언할 수는 없을 것 같군요. 1.99와트인지, 2.01와트인지 정확히 가늠할 수 없다는 거죠."

"박사급 전문 인력을 총동원하여 최선을 다한 작품입니다. 여러분의 최종 선택을 기다리겠습니다."

이재형은 후다닥 단상을 내려갔고, 곧이어 디지털 사의 오명석이 올라왔다. 오명석은 오버헤드 프로젝터에 필름을 올렸다. 스크린에 똑딱 (on, off) 스위치로 작동되는 전구 8개가 나타났고, 스위치 아래에는 1, 2, 4, 8, 16, 32, 64, 128의 숫자가 적혀 있었다.

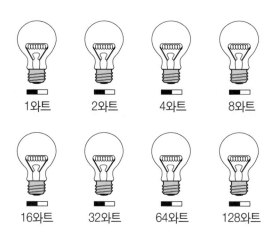

1와트   2와트   4와트   8와트

16와트   32와트   64와트   128와트

"이 숫자들은 밝기를 표시합니다."

오명석은 레이저 포인터로 스위치 아래의 숫자를 가리키며 말을 이었다.

"스위치 1을 누르면 1와트만큼의 밝기가 전구에 전해지고, 16을 누르면 16와트만큼의 밝기가 실내를 조명하죠."

"물론, 1, 2, 4, 8, 16, 32, 64, 128와트의 8가지 밝기만 가능한 건 아니겠죠?"

Mr. 퐁이 물었다.

"물론입니다. 1와트 단위로 1와트에서 255와트까지의 256가지 밝기를 제공할 수 있습니다. 가령, 3와트를 원하면 1와트와 2와트 스위치를 눌러주면 되고, 137와트를 원하면 1와트와 8와트와 128와트 스위치를 켜면 됩니다. 물론 밝기를 영(0)으로 하고 싶으면 모든 스위치를 꺼주면 되고, 255와트를 원하면 스위치 모두를 켜주면 되겠습니다."

오명석은 빙긋 웃으며 실내를 둘러보았다. 식물원장을 포함한 거의 모든 과학자들의 얼굴이 환했다. 이재형에게는 그렇게도 까다롭게 질문을 퍼붓던 Mr. 퐁도 화색이 감도는 웃음을 짓고 있었다.

"그럼, 디지털 사의 제품 소개는 이걸로 끝맺겠습니다."

오명석은 정중히 인사를 한 후에 자신있게 단상을 내려왔다.

수 표현법

수를 언어로 표현하는 방법은 여러 가지다. 전세계에 존재하는 나라만큼이나 다양하다. 우리 민족만 해도 '일, 이, 삼……'과 '하나, 둘, 셋……'을 함께 사용하고 있고, 영어권에서는 '퍼스트(first), 세컨드(second), 서드(third)……'와 '원(one), 투(two), 쓰리(three)……'를 같이 사용하고 있다.

그러나 오늘날, 수를 기호로 나타내는 방법은 거의 통일되다시피 했다. 사용하는 언어가 무엇이냐에 상관없이 인도-아라비아식 숫자 표기법이 만국 공통으로 인정되고 있는 것이다.

인도-아라비아식 숫자 표기법은 한 자리에 십(10)이 채워지면 다음 자리로 넘어가는 체계를 갖고 있다. 예를 들어, 숫자 10의 십자리 수 1은 19까지는 그대로 유지될 수가 있으나, 19에 1이 더해지는 순간 20으로 변하면서 자리를 넘겨준다. 이처럼 한 자리에 10이 모이면 다음

자리로 넘어가는 숫자 표기법을 '10진 기수법' 또는 '10진법'이라고 한다.

우리는 10진법을 아무런 거부감 없이 당연하게 이용한다. 물론, 인간의 손가락 수와 발가락 수가 다르지 않은 10개란 사실이 그런 사고를 하게끔 하는 데 일익을 담당했음은 두말할 필요도 없다.

하지만 지금까지 인류의 숫자 표기법이 항상 10진법을 고수해 온 것은 아니다.

고대 메소포타미아에서는 60이 채워져야만 한 자리가 이동하는 '60진법'을 즐겼다. 60진법의 흔적은 아직까지도 우리 생활 곳곳에 스며 있는데, 시간에서 60초가 넘으면 1분, 60분이 넘으면 1시간으로 변하는 것과, 각도에서 $60''$(초)가 되면 $1'$(분), $60'$이 되면 $1°$(도)로 바뀌는 것이 그 증거다.

12진법과 걸리버 여행기

그리고 인류는 선사시대부터 '12진법'을 즐겨 사용했다. 1년을 12 달로 정한 것, 시계의 눈금을 12로 나눈 것, 물건의 1다스가 12란 사실 등이 그 예이다. 또한 12진법은 지금도 영국의 단위계에서 여전히 통용 되고 있다.

12라인(lines)＝1인치(inch)
12인치(inches)＝1풋(foot)
12온스(ounces)＝1파운드(pound)
12펜스(pences)＝1실링(shilling)
……

12진법이 과거 영국 사회에서 널리 쓰였다는 사실은 걸리버 여행기 에서도 찾아볼 수가 있다.

사열식이 있은 며칠 후 걸리버의 자유를 결정하기 위한 회의가 열렸 다. 이런 거인을 국민으로 인정할 수 있느냐 없느냐를 논하는 중대한 자 리였기에 궁중 홀에는 각 부 장관을 포함한 모든 중신들이 모였다. 이 상황에 이르러서는 재무부 장관 플림냅마저 반대를 할 수 없을 만큼 걸 리버는 온 국민의 사랑을 받고 있었다. 그럼에도 해군 장관 가르뱃만은 끝까지 반대하였다.

"폐하, 저런 거대한 짐승을 인간으로 인정할 수는 없사옵니다. 만약

그를 우리 국민으로 맞이한다면 저는 릴리퍼 국의 국민임을 포기하겠사옵니다."

그러나 왕은 고심 끝에 해군 장관의 뜻과는 반대의 결정을 내렸다.

"짐은 이 순간부터 인간산을 석방하여 우리 국민의 자격을 부여하는 바이다."

걸리버는 곧바로 쇠사슬에서 풀려났고, 1,728명분의 식량과 음료가 지급되는 대가로 국가를 위한 여러 가지 일에 종사할 의무를 지게 되었다.

1,000명분이라고 했으면 간단했을 듯싶은데, 왜 《걸리버 여행기》의 작가 조나단 스위프트는 굳이 1,728명분의 식사라고 했을까?

부피는 길이의 세제곱이다. 즉 '부피=길이×길이×길이'이다. 인간산 걸리버의 키가 소인국인의 평균키보다 12배 크다면 (당시 영국에서는 12진법을 사용하고 있었기 때문에 스위프트는 이렇게 생각한 것이다), 부피는 12×12×12=1,728만큼 증가하므로, 그래서 1,728명분의 식사가 공급된 것이다.

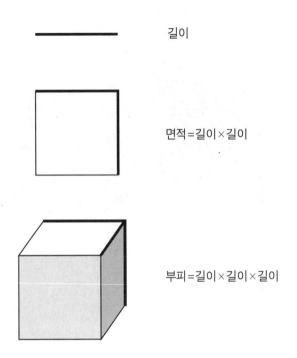

길이

면적=길이×길이

부피=길이×길이×길이

5진법과 주판

인간의 손가락과 발가락 수는 다섯이다. 그렇다면 다섯을 한 자리의 끝맺음 단위로 채택하는 '5진법'이 10진법보다 먼저 인류의 관심을 끌었을 수도 있었으리라는 상상을 해볼 수 있을 터이다. 이런 예는 아직도 남아 있는데, 로마 숫자는 넷(Ⅰ, Ⅱ, Ⅲ, Ⅳ)까지는 막대기를 갯수만큼 덧붙여가지만 다섯(Ⅴ)에 이르면 새로운 형태의 기호로 바뀐다. 그리고 우리말 '다섯'의 어원은 엄지에서 차례로 접어간 손가락이 새끼 손가락에 이르면 닫힌다는 의미에서 유래했다.

또한 5진법이 널리 유행했음은 오늘날에는 전자 계산기 때문에 자취를 찾기가 그리 수월치 않은 주판에서 발견할 수 있다.

주판은 위칸에 1개, 아래칸에는 4개의 알이 철사로 열지어 횡으로 늘어선 계산기이다. 그러나 주판이 처음부터 이런 모양은 아니었다. 이에 앞선 형태는 위칸에 2개, 아래칸에 5개의 알을 담은 것이었다.

이 두 주판으로 320851을 나타내 보자.

먼저 알이 많은 주판을 보자. 아래칸에는 1, 2, 3, 4, 5를 나타내기 위해서 5알을 모아 놓았고, 위칸에는 10을 나타내기 위해서 5짜리 알 2개를 모아 놓았다. 그러므로 1은 아래알 하나, 5는 윗알 하나(또는 아래알 다섯, 위칸의 1개는 아래칸의 5개와 같기 때문), 8은 윗알 하나와 아래알 셋, 0은 그냥 그대로, 2는 아래알 둘, 3은 아래알 셋을 올리고 내리면 된다. 다음의 그림처럼.

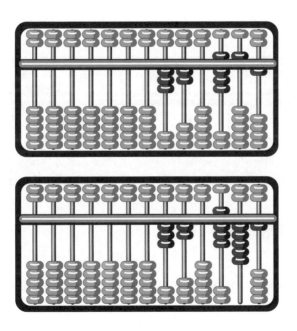

그런데 이 주판을 보면 중복되는 것이 있다. 5를 나타내는 데 아래알 다섯을 올리거나 윗알 하나를 내리는 경우가 그것이다. 만약 아래칸에 알이 4개라면 5를 표시할 때 굳이 아래칸 알을 들어올릴 필요가 없다. 위칸의 알 하나만 내리면 그만이기 때문이다. 그리고 위칸의 두 알도 하나면 충분하다. 아래칸의 알 4개와 위칸의 알 하나면 너끈히 9를 만들 수 있고 10이 채워지면 옆자리로 옮겨가면 된다. 그래서 위칸에는 알 하나, 아래칸에는 알 넷인 주판이 탄생한 것이다. 하지만 이 과정 역시 결코 순탄하지 않았다. 러셀의 말을 다시 상기해 보자.

"인류가 이틀의 2와 닭 두 마리의 2를 동일한 수로 파악하기까지 수천 년의 세월이 필요했다."

'진보'라고 하는 마차에 실려 그 모양새가 한층 산뜻하게 일신하여 알수가 줄어든 다음의 주판을 보아라. 얼마나 능률적으로 320851을 나타내고 있는가!

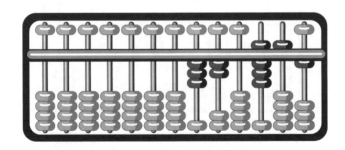

현대 문명의 총아 2진법

분명 5진법은 10진법보다 간단해 보인다. 그렇다면 4진법, 3진법, 2

진법도 있을 법하다. 어렵지 않게 충분히 상상이 가고도 남음이 있는 말이다. 하지만 인류의 역사 속에 파묻혀 면면히 이어져 내려오기 위해선 뭔가 독특한 면이 있다든가, 인간과의 연결끈이 있어야 한다. 손가락의 수가 5이고, 양손가락을 전부 합친 수가 10이란 사실이 5진법과 10진법을 탄생케 하는 모태가 되었듯이, 4진법, 3진법, 2진법이 모습을 드러내기 위해선 4와 3과 2란 숫자가 인간과 연결 고리를 맺었어야 했다는 뜻이다. 그런 점에 있어서 4진법과 3진법의 탄생은 미진할 수밖에 없었다.

그렇지만 2진법만은 그 간단 명료함으로 명맥을 유지하고 있다. 아니, 2진법은 현대 문명이 가장 아끼는 진법으로 자리를 잡은 지 이미 오래다.

현대 문명의 이기 중의 이기, 다가올 세기에 없어서는 안 될 절대적 필수품, 하루가 다르게 기능이 향상되어 40~50년 전에는 그 크기가 집채만 했으나 이제는 책가방보다도 작아진 전자 장치, 이름하여 컴퓨터(COMPUTER).

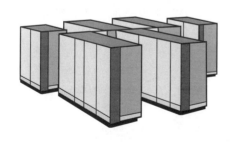

초기 컴퓨터

최신 컴퓨터

컴퓨터에는 별별 수식어가 다 따라붙는다.

"컴퓨터는 깡통이다."

"컴퓨터는 고작 인간이 만든 기계일 뿐이다."

현대인은 컴퓨터를 왜 이리도 비방하여 멸시하는 걸까?

남을 헐뜯고 비난하는 인간 심리에는 그 자신의 콤플렉스가 들어 있다. 배출하는 정도가 지나치면 지나칠수록 담긴 콤플렉스의 강도 역시 크다. 컴퓨터에 던지는 우리의 이런 비방과 멸시 역시 그런 심리에 다름 아니다.

낙오되지 않고 떳떳이 미래 사회에 적응하고 싶고, 그러기 위해선 우선적으로 컴퓨터와 친근해져야겠는데, 그게 마음대로 되지 않는다. 컴퓨터의 그 놀라운 능력에 한껏 도움을 받고자 한 발자국 다가서 보지만 그 장벽은 날이 갈수록 드높아만 간다. 그리고 높아지는 장벽만큼 컴퓨터의 성능 또한 나날이 성장한다. 1초 동안 수십 자리의 덧셈, 뺄셈, 곱셈, 나눗셈을 처리할 수 있는 연산 능력은 하루가 다르게 고속발전하고 있으며, 인간 두뇌의 지각 능력에 버금갈 컴퓨터가 탄생할 날도 멀지 않은 듯싶다.

그러나 그처럼 위대해 보이는 컴퓨터가 작동하는 기본 원리는 너무

컴퓨터의 변천 과정

도 간단하고 단순하다. 이것 아니면 저것, 다시 말해 예스(Yes) 아니면,
노(No)다.

. 앞의 이야기에서 디지털 사가 제시한 똑딱 장치, 그러니까 스위치를
켜면 불이 들어오고 끄면 불이 나가는 온(on) 오프(off) 장치가 바로 2
진법의 원리에 근거한다.

2진법의 간단 명료함은 10진법, 5진법, 2진법의 덧셈표로도 쉽게 알
수 있다.

+	0	1	2	3	4	5	6	7	8	9
0	0	1	2	3	4	5	6	7	8	9
1	1	2	3	4	5	6	7	8	9	10
2	2	3	4	5	6	7	8	9	10	11
3	3	4	5	6	7	8	9	10	11	12
4	4	5	6	7	8	9	10	11	12	13
5	5	6	7	8	9	10	11	12	13	14
6	6	7	8	9	10	11	12	13	14	15
7	7	8	9	10	11	12	13	14	15	16
8	8	9	10	11	12	13	14	15	16	17
9	9	10	11	12	13	14	15	16	17	18

10진법 덧셈표

+	0	1	2	3	4
0	0	1	2	3	4
1	1	2	3	4	10
2	2	3	4	10	11
3	3	4	10	11	12
4	4	10	11	12	13

5진법 덧셈표

+	0	1
0	0	1
1	1	10

2진법 덧셈표

10진법과 영(0)

오늘날 범세계적으로 애용되고 있는 진법은 누가 뭐래도 10진법이다. 10진법이 이렇게까지 자리잡은 데는 여러 요인이 긍정적으로 작용했으나, 그 중에서도 0(영, zero)의 발견이 가장 큰 의미를 갖는다 하지 않을 수 없다.

고대 그리스에선 원기 왕성하게 발전했던 수학이 로마 제국을 거치면서 잠시 정체의 늪에 빠졌으나, 인더스 강 유역에 거주하던 사람들이 재차 발전시켰는데 그 속도는 이전과 비교가 되지 않을 정도였다.

고대 인도에서 그처럼 수학이 발달할 수 있었던 원동력은 숫자였다. 인도-아라비아 숫자가 소개되기 전 유럽에서는 로마 숫자를 사용하고 있었다. 로마 숫자와 인도-아라비아 숫자의 표현 능력 차이는 하늘과 땅 차이만큼이나 대단했다. 예를 들어, '구백육십사'라는 수를 표현하기 위해 로마 숫자(DCCCCLX Ⅳ)는 8개가 필요한데, 인도-아라비아 숫자(964)는 3개로 충분하다. 이럴진대 아라비아 숫자의 사용을 그

60

누가 마다하겠는가?

더 나아가 0에는 나머지 9개 숫자와는 남다른 의미가 깃들어 있다. 10에서 100, 100에서 1000, 1000에서 10000으로 수가 기하급수적으로 늘어나도 0이라는 야릇한 기호 하나만 덧붙여주면 만사 형통이다. 수의 커짐을 0으로 해결하는 방법은 정말 충격적인 일이 아닐 수 없었다.

이렇게 됨으로써 10진법은 인류 역사를 발전시키는 커다란 이정표가 되었다.

탐구하기

문제

1그램, 2그램, 4그램, 8그램짜리 추가 1개씩 있다. 이것으로 질량 13그램을 만들려고 한다면 사용하지 않아도 되는 추는 무엇인가? 그리고 1그램, 2그램, 8그램짜리 추로 만들 수 있는 총 가능 질량수는 몇 가지인가?

	사용하지 않아도 되는 추	총 가능 질량수
(가)		5가지
(나)		7가지
(다)		9가지
(라)		11가지
(마)		13가지

정답

13그램을 만들려면 우선은 가장 무거운 8그램짜리를 사용해야 한다. 왜냐하면 1그램, 2그램, 4그램짜리를 모두 더해도 13그램이 안 되기 때문이다.

그 다음으로 4그램짜리를 더하면 12그램이 되고, 여기에 1그램짜리를 더하면 마침내 13그램이 된다. 그러니 2그램짜리는 사용하지 않아도 된다.

추를 한 개 사용할 땐 1그램, 2그램, 8그램의 3가지가 가능하고, 두 개 사용할 땐 1그램+2그램=3그램, 1그램+8그램=9그램, 2그램+8그램=10그램의 3가지가 가능하고, 세 개 모두를 사용할 땐 1그램+2그램+8그램=11그램의 1가지가 가능하다.

따라서 총 가능 질량수는 7가지다.

∴ 정답은 (나)이다.

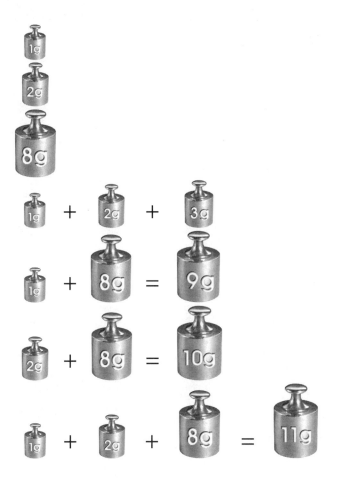

Mr. 퐁은 크리스마스 트리를 장식하기 위해서 사온 전구를 빨강, 노랑, 파랑, 초록의 순으로 매달았다.

스위치를 넣자 첫번째에는 노랑, 두번째에는 파랑 그리고 세번째에는 노랑과 파랑 전구에 불이 들어오지 않았다. 다음의 그림처럼.

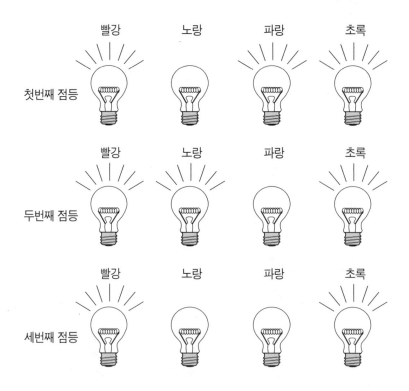

64

이때 전구에 불이 켜질 때를 1, 꺼질 때를 0으로 나타낸다면 이 세 경우에 대응하는 십진수는 무엇일까?

	첫번째	두번째	세번째
(가)	11	13	9
(나)	10	8	13
(다)	15	13	11
(라)	5	7	9
(마)	12	17	8

전구에 불이 켜질 때를 1, 그렇지 않을 때를 0으로 정했으니, 이것은 2진수다. 그리고 빨강 전구는 4번째 자리, 노랑 전구는 3번째 자리, 파랑 전구는 2번째 자리, 초록 전구는 1번째 자리에 있으니 빨강 전구는 $2^2=8$, 노랑 전구는 $2^2=4$, 파랑 전구는 $2^1=2$, 초록 전구는 $2^0=1$을 암시한다.

따라서 노랑 전구에 불이 들어오지 않은 첫번째의 경우는,

$8 \times 1 + 4 \times 0 + 2 \times 1 + 1 \times 1 = 11$

파랑 전구에 불이 들어오지 않은 두 번째의 경우는 ,

$8 \times 1 + 4 \times 1 + 2 \times 0 + 1 \times 1 = 13$

그리고 노랑과 파랑 전구에 불이 들어오지 않은 세 번째의 경우는,

$8 \times 1 + 4 \times 0 + 2 \times 0 + 1 \times 1 = 9$가 된다.

∴ 정답은 (가)이다.

0, 1, 2, 3, 4, 5, 6, 7, 8, 9.

이름하여 아라비아 숫자. 그러나 나는 굳이 이걸 인도-아라비아 숫자라고 불렀다. 그 변명을 잠시 늘어놔 볼까나!

보이는 것이라곤 흩날리는 모래 바람과 느낄 수 있는 것이라곤 작열하는 햇살뿐인 사막 지역 아라비아에서 적당한 삶은 유목 생활이었다. 그러니 수학은 관심 밖일 수밖에.

그러나 모하메드의 가르침하에 종교적으로 똘똘 뭉친 아라비아 인은 오른손에는 칼을 쥐고 왼손에는 코란을 들고 세계 곳곳을 누비며 이슬람 제국을 건설하였다. 찬란한 이슬람 문화(사라센 문화)를 고도의 문명으로 이어가기 위한 아라비아 인의 쉼없는 노력은 수학의 필요성을 절실히 느끼게 했다. 그때 만난 것이 인도의 수학이었다. 아라비아 인은 인도의 수학이 뛰어난 것임을 깨달았을 뿐만 아니라, 그저 그걸 본떠서 이용하는 것에만 매달리지 않았다. 그들은 좀더 효율적으로 개량·발전시켰던 것이다. 아라비아 인의 그 열의가 얼마나 지대한 것이었으면 0, 1, 2, 3, 4, 5, 6, 7, 8, 9를 인도 숫자라 말하지 않고 아라비아 숫자라고 부르겠는가. 하지만 그럼에도 그 근원은 인도이기에 그 공을 간과해서는 안될 것 같아 인도-아라비아 숫자라고 지칭한 것이다.

원리를 알면 수학이 쉽다

동네 어른은 모두 거짓말쟁이 (1)
집합의 정의와 표현

이야기

며칠 전 퐁 군의 동네로 할머니 한 분이 이사를 오셨다. 이런 노래를 연상시키는 노인이었다.

꼬부랑 할머니가 꼬부랑 고갯길을
꼬부랑 꼬부랑 넘어가고 있네.
꼬부랑, 꼬부랑, 꼬부랑, 꼬부랑.
고개는 열두 고개 고개를 고개를 넘어간다.

할머니는 뭐가 그리도 급했던지 이삿짐을 풀자마자 대문 앞에 커다란 간판을 매달았다.

항상 진실만 말하는 점쟁이 할머니 집

할머니는 알록달록 색동 옷과 무늬 없는 순백색의 옷을 꺼내 놓고는 어느 것을 입어야 할지 한참을 고민했다. 거울 앞에 서서 두 옷을 번갈아 입고, 벗고, 또 입고, 벗고 하는 몇 번의 과정을 거친 뒤 할머니는 흰 옷을 골랐다. 화려한 가벼움보다는 은은한 무거움이, 처음 대하는 동네 사람들에게 강한 인상을 줄 수 있겠다는 판단에서였다.

흰옷을 잘 차려 입은 할머니는 점잖게 앉아서 손님이 찾아오기를 기다렸다. 그러나 늦은 밤까지 손님은 없었다.

'오늘은 이사온 첫날이라서 그럴 거야.'

다음 날은 아침부터 유난히도 따사로운 햇살이 내리쬐는 날이었다. 아무 거침 없이 안방 창문을 넘어온 햇살이 할머니의 얼굴을 때리기를 수십 차례.

"아~ 아~ 하~ 하~ 함!"

할머니는 그다지 크지 않은 입이 찢어지도록 맘껏 하품을 하면서 기지개를 켰다. 그러고는 가볍게 세수를 하고 간단히 식사를 끝낸 후, 안방으로 가 어제와 같은 옷차림으로 뜨끈뜨끈한 아랫목에 자리잡고 앉았다.

그러나 해가 뉘엿뉘엿 넘어갈 때가 되었는데도 찾아오는 손님은 없었다.

"아이구 엉덩이야, 이거 꼼짝도 않고 구들장만 지고 앉아 있었더니 내 엉덩이 같지 않네."

할머니는 엉덩이를 주무르면서 피가 나올 정도로 입술을 꽉 깨물었다.

'내일은 오겠지.'

그렇지만 다음 날도, 그 다음 날도 그리고 또 그 다음 날도 찾아온 사람은 없었다. 할머니의 눈에선 금방이라도 불똥이 튀어나올 것 같았다.

"사람을 무시해도 정도가 있지. 날 뭘로 보는 거야. 설사, 점을 보러 오지는 않는다 해도 나이든 사람이 이사를 왔으면 '새로 이사오셨습니까?' 하고 인사 오는 젊은이가 한 사람이라도 있어야 하는 게 도리일 텐데."

할머니는 으스러져라 이를 악물었다.

"부드득 부드득."

할머니는 씩씩거리며 잠을 청했으나 좀처럼 잠을 이룰 수가 없었다. 이리 뒤척 저리 뒤척이다 까만 밤을 꼬박 세운 할머니는 퉁퉁 부은 눈으로 다음 날 부시시 일어났다.

그런데 날씨만은 아주 산뜻했다. 이토록 맑게 갠 하늘을 마주하기는 참 오랜만이었다. 일요일이라서 그런지 동네 학생들은 이른 아침부터 공터로 나와 노닐고 있었다.

할머니는 창 밖으로 얼굴을 내밀고 축구공을 들고 달려가는 학생을 불렀다.

"이름이 뭐니?"

"퐁이에요."

퐁은 숨이 턱에까지 올라온 목소리로 대답했다.

"공 차러 가나 보구나!"

"네, 친구들과 공터에서 시합이 있거든요."

"그래, 그러면 시합 끝나고 우리 집 앞으로 모여 주지 않겠니?"

퐁의 반응이 신통치가 않자, 할머니는 재빨리 말을 이었다.

"시원한 음료수 한 잔씩 주마."

"그러죠, 뭐."

퐁은 가볍게 대답하고는 부리나케 공터로 달려갔다.

얼마의 시간이 흘렀을까?

대문 앞에서 초조히 공터 쪽을 바라보고 있던 할머니의 시야에 뛰어오는 학생들의 모습이 들어왔다. 할머니는 학생들을 불러모았다. 그리고는 잠시 뜸을 들이다가 한 손을 치켜들며 목청껏 위엄있게 외쳤다.

"퐁 군의 동네 어른은 모두 거짓말쟁이다."

할머니는 학생들의 얼굴을 유심히 바라보았다. 얼토당토않은, 너무 갑작스런 말에 어안이 벙벙했던지 학생들은 멍하니 서로의 얼굴만 바라보고 있었다.

"우리 아버지가 거짓말쟁이라고!"

"그럼, 우리 어머니도 거짓말쟁이잖아!"

학생들의 놀라고 흥분된 목소리가 여기저기서 터져나왔다. 그러나 퐁 옆에 앉아 있던 퐁녀는 고개만 갸우뚱거릴 뿐 조금도 흥분하지 않은 듯 보였다.

"질문이 있는데요?"

퐁녀가 손을 들었다.

"질문이 무엇인가요?"

할머니는 싱긋 웃으며 물었다.

"할머니께서는 우리 동네 어른이 모두 거짓말쟁이라고 말씀하셨잖아요?"

"그랬죠."

"그게 확실한가요?"

"틀림없는 사실이에요."

"그렇다면……"

"지금껏 나는 단 한 번도 거짓말을 한 적이 없어요."

할머니는 고민에 빠진 퐁녀의 얼굴을 빤히 쳐다보며 기분 나쁘다는 투로 말을 뱉었다.

'이상하다?'

퐁녀는 연신 고개를 갸우뚱거렸다.

"저도 물어보고 싶은 게 있는데요."

이번에는 뺀질뺀질하기로 소문난 퐁길이가 손을 들었다.

"어디 한번, 그 질문도 들어 볼까요?"

"할머니께선 어떻게 우리 동네 어른 모두가 거짓말쟁이란 사실을 아셨나요?"

"그야, 내가 점쟁이니까."

할머니는 너무도 어처구니없는 말을 아무렇지도 않다는 듯 내뱉었다.

"피~이!"

곧바로 학생들의 야유가 퍼부어졌고, 좀처럼 멈출 기미는 보이지 않았다. 그러자 할머니는 대뜸 이렇게 말했다.

"나는 내 말이 옳다고 확신합니다만, 그렇더라도 여러분들이 생각하기에 틀렸다고 판단되면 꼼짝달싹 못할 명백한 이유나 증거를 댈 수 있어야겠죠."

할머니의 말이 끝나기가 무섭게 퐁녀가 손을 번쩍 들면서 일어났다.

"할머니도 이 곳으로 이사를 오셨으니까, 이제는 우리 동네 어른이 맞죠?"

"그… 렇… 죠."

할머니는 꺼림칙한 표정을 지으며 말했다.

"그렇다면 앞뒤가 맞지 않는데요?"

"……."

"우리 동네 어른 모두가 거짓말쟁이라면, 할머니도 거짓말쟁이잖아요?"

할머니의 놀라는 모습은 역력했고, 아무 말도 못하며 얼굴까지 순식간에 벌개졌다.

"그럼, 할머니가 한 말도 거짓말이잖아."

퐁은 두 눈을 크게 뜨며 말했다.

무거운 쇠방망이로 뒤통수를 한 방 얻어맞은 사람처럼 할머니는 멍하니 서 있었다.

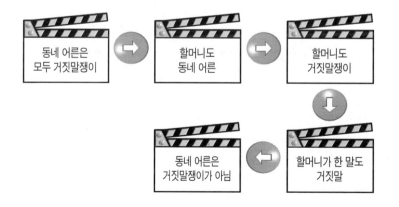

수학은 정의를 먹고 산다.

수학은 정의를 먹고 사는 학문이라 해도 지나치지 않을 만큼 정의를 중시한다. 정의는 엄밀함의 구축을 위해서 필요불가결한 요소다. 정의가 확고히 서지 않았을 때 논리적 오류는 반드시 튀어나오기 마련이다.

점쟁이 할머니가 큰소리쳤다가 오히려 되맞은 꼴이 되어 버린 상황 역시 정의를 올바로 세우지 못한 때문이 아니었던가.

미적지근한 정의로 오류가 발발하는 경우를 찾는 건 결코 어려운 일이 아니다.

퐁은 칠판에 이렇게 써놓고 퐁녀에게 물었다.

"낙서는 잘못이니?"

"응."

퐁녀는 고개를 끄덕였다.

"그렇다면 내가 칠판에 쓴 문장이 맞는 것이니까, 낙서는 잘못이 아니네."

스핑크스가 지나가는 행인을 붙들었다.

"묻는 말에 옳게 답하면 살려줄 것이나 그렇지 않을 때엔 교수형을 시키겠다."

그러고는 땀을 뻘뻘 흘리며 긴장하고 있는 행인에게 질문을 던졌다.

"여기에는 왜 왔느냐?"

행인은 곰곰이 생각에 잠기는가 싶더니 이내 자신에 찬 목소리로 대답했다.

"교수형을 당하러 왔다."

스핑크스는 당황하지 않을 수 없었다. 그도 그럴 것이, 행인의 말이 옳다면 당연히 살려줘야 하고, 거짓이라면 교수형을 시켜야 하는데, 그것은 행인의 말이 옳음을 새삼 확인하는 것과 다르지 않았기 때문이다.

"산아 제한을 반대하는 협회 간사 이산아입니다."

강단에 선 이산아는 청중을 향해 넙죽 인사를 하고는 스크린 앞으로 걸어갔다.

"누구나 아버지와 어머니가 있습니다. 즉 모든 사람은 두 명의 부모가 있지요. 그리고 우리의 아버지와 어머니 역시 친할아버지와 친할머니, 외할아버지와 외할머니가 있습니다. 또한 친할아버지와 친할머니와 외할아버지와 외할머니 역시 각기 두 분의 부모님이 계십니다. 이런 식으로 거꾸로 계속 올라가면 조상의 수는 한 세대에 2배씩 증가하게 되므로 과거로 올라갈수록 인구는 더욱 많아지게 됩니다."

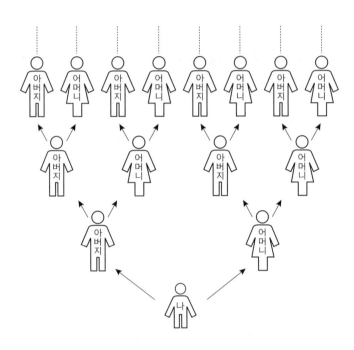

이런 끝도 없는 물고 물림의 이야기를 패러독스(paradox, 역설)라고 하는데, 이 모두가 처음에 정의를 모호하게 시작했기 때문이다.

유클리드와 원론

정의가 확고히 서지 못하면 이런 식의 오류가 무궁무진 터져 나온다는 걸 깨닫고, 정의의 중요성을 처음으로 주장한 학자는 기하학의 창시자 유클리드(Euclid, ?~?)였다.

유클리드

유클리드는 그리스 문화의 중심지였던 아테네에 유학하여 플라톤이 세운 아카데미아에서 학문을 배웠다. 그리고는 세계 최초의 대학이라고 할 수 있는 알렉산드리아의 대학에서 생애의 거의 대부분을 수학 교수로 보내었다.

유클리드가 그러한 삶을 살던 시대는 알렉산더 대왕이 그 당당한 위세를 유럽은 말할것 없고 소아시아와 이집트에까지 화려하게 떨친 시기였다. 알렉산더 대왕은 자신의 정복지에 역사에 길이 남을 장엄한 도시를 건축했고, 자신의 이름을 따서 알렉산드리아라고 불렀다. 알렉산드리아는 당시의 정치·경제·문화의 중심지였고, 50만 권에 달하는 당당한 장서를 보유하고 있던 뮤제이온(Mouseion)이라고 하는 세계 최대의 연구기관이 있는 곳이었다.

그러한 풍족한 문화적 바탕 위에서 연구를 한 유클리드는 유명한 두 개의 일화를 남기고 있다.

프톨레마이오스 왕은 유클리드에게 기하학을 배우고 있었다. 하루는 왕이 유클리드에게 짜증스런 목소리로 이렇게 말했다.

"나는 이 거대한 제국의 왕이니라. 기하학을 좀더 쉽게 배울 수 있는 방법은 없겠느냐?"

그러자 유클리드가 단호하게 아뢰었다.

"폐하, 기하학에는 왕도가 없사옵니다."

또 하나의 일화는 이렇다.

유클리드에게 기하학을 배우고 있던 제자가 따분한 표정을 지으며 스승에게 물었다.

"선생님, 이토록 지겹고 실생활에 전혀 쓸모가 없어 보이는 학문을 대체 뭣하러 가르치고 배우는 것이옵니까?"

그러자 듣고 있던 유클리드가 노발대발 안색을 달리하며 옆에 있던 하인에게 이렇게 명하는 것이었다.

"저런 놈은 더 이상 가르칠 필요가 없다. 배운 것에서 꼭 본전을 되찾으려고 하는 놈에게 학문이 무슨 필요가 있겠느냐. 저 자에게 동전이나 몇 푼 던져주어서 내쫓아 버리거라."

유클리드의 강직한 성품과 학문에 대한 강한 긍지를 보여주는 대목이 아닐 수 없다.

기원전 280년경 유클리드는 알렉산드리아의 학원 뮤제이온에 보관되어 있던 방대한 장서와 연구 결과를 종합 정리하여 불후의 명저 《원론(Element)》을 편찬했다.

《원론》은 전부 13권으로, 7권에서 10권까지는 비례수와 최대 공약수와 등비 급수, 11권부터 13권까지는 입체 기하에 대해서 다루고 있는데, 특히 마지막 권에서는 정다면체는 정4면체, 정6면체, 정8면체, 정12면체, 정20면체밖에 없음을 증명하고 있다.

《원론》의 내용 일부

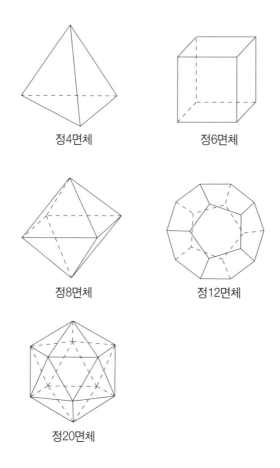

정4면체 정6면체

정8면체 정12면체

정20면체

그러면서 유클리드는 1권의 정의를 이렇게 시작한다.

1. 점은 부분이 없는 것이다.

2. 선은 폭이 없는 것이다.

3. 선의 끝은 점이다.

4. 직선이란 그 위의 점으로 균일하게 이어진 면이다.

5. 면이란 길이와 두께만 있는 것이다.

6. 면의 끝은 선이다.

집합과 정의

점쟁이 할머니는 외쳤다.

"퐁 군의 동네 어른은 모두 거짓말쟁이다"라고.

그렇다면 이 외침은 집합의 정의적 성격을 잘 대변해줄 수 있을까? 결론부터 말하면 "아니다."이다.

집합의 사전적 정의는 이렇다.

집합(集合)

(1) 한 곳으로 모임, 또는 모음(gathering)

(2) 범위가 확정된 것의 모임(concurrence)

이 중 수학적 의미에 근접한 정의는 두번째 것이다. 또다시 말하지만, 수학은 엄밀성의 학문이다. 이렇게도 해석이 되고 저렇게도 받아들일 수 있는 모호한 말은 절대 금물이다.

누가 보거나 듣더라도 이견이 없는 단 하나의 결론을 내릴 수 있음에 수학의 묘미는 깃들어 있다. 그러나 너무 원론적인 것에만 치우치다 보니 현실성과는 심히 동떨어진 느낌을 간간이 주지 않는 건 아니지만, 그러한 수학이 있었기에 자연 과학과 공학이 발달했고 그 힘으로 문명이 발전할 수 있었던 것이다.

수학에서 정의하는 집합은 이렇다.

> 주어진 조건으로 대상을 명확히 구분지을 수 있는 모임

예를 하나 들어보자.

자칭, 어디에 나가도 외모만큼은 빠지지 않는다고 생각하는 Mr. 퐁은 신년 초 텔레비전 쌍쌍 데이트 프로그램에 출연해 공개 구혼을 했다.

"늘씬하고 인형 같은 여성이면 좋겠습니다."

방송 매체의 위력을 새삼 실감할 수 있을 만큼 방송이 나간 지 채 1시간도 못 되어 전화통에 불이 났다.

"제가 그런 여성상에 딱 들어맞는 여인이라고 생각하는데요."

"전 히프와 허리와 가슴이 35, 24, 34예요."

"저같이 마른 여자 있으면 나와 보라고 하세요."

여성들의 말은 빈말도 자화자찬도 아니었다. 정말 예쁘고 날씬했다. 그러나 애석하게도 Mr. 퐁의 마음에 쏙 드는 여성은 단 한 명도 없었다.

물론, 주제 파악도 제대로 못 하는 Mr. 퐁의 객기와 까탈스런 성격이

가장 큰 원인이었지만 공개 구혼장의 엄밀하지 못함에도 그 원인은 없지 않았다.

Mr. 퐁은 "늘씬하고 인형같은 여성이면 좋겠습니다"라고 구혼했지만, 그 구체적인 기준은 언급하지 않았다. "늘씬함의 기준은 허리가 23인치여야 합니다", "인형같음의 기준은 영화 배우 마릴린 먼로의 얼굴을 빼닮아야 합니다"와 같이 구체적인 사항들을 언급했어야 했다. 그랬다면 수백 통의 전화가 걸려오지도 않았을 것이고, 정녕 마음에 드는 여인이 나타났을지도 모를 일이었다.

점쟁이 할머니의 외침 역시 이와 다르지 않다.

"퐁 군의 동네 어른은 모두 거짓말쟁이다"라고 했지만 어른의 기준이 애매모호하다.

만 20세 이상의 남성인지, 대학을 갓 졸업한 여성인지, 이제 막 결혼한 신랑 신부인지, 초등학교에 다니는 자녀를 두고 있는 학부모인지, 환갑이 지난 노인인지, 손자와 손녀가 있는 할아버지인지 분명하지 않은 것이다.

집합과 원소 그리고 표현법

집합을 구성하는 하나 하나를 '원소'라고 부른다.

예를 들어, 박선영, 박소현, 양은선, 송경국, 유재은, 김희선은 퐁 군의 학원에, 조준재, 서덕열, 김선근, 박학기, 배삼출, 양미경은 퐁녀의 학원에 다닌다면, '박선영, 박소현, 양은선, 송경욱, 유재은, 김희선'은 집합 '퐁 군의 학원에 다니는 학생', '조준재, 서덕열, 김선근, 박학기,

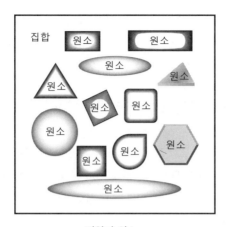

집합과 원소

배삼출, 양미경'은 집합 '퐁녀의 학원에 다니는 학생'의 원소가 되는 것이다.

그리고 어떤 원소가 한 집합의 구성원일 때 "그 집합에 속한다", 구성원이 아닐 때 "그 집합에 속하지 않는다"라고 말한다. 예를 들어, 박선영, 박소현, 양은선, 송경욱, 유재은, 김희선은 집합 '퐁 군의 학원에 다니는 학생에 속한다', 조준재, 서덕열, 김선근, 박학기, 배삼출, 양미경은 집합 '퐁 군의 학원에 다니는 학생에 속하지 않는다'라고 표현한다.

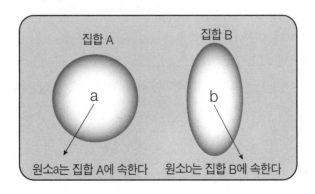

집합을 표현하는 방법에는 두 가지가 있다.

하나는 괄호{ }속에 원소를 일일이 나열하는 '원소나열법'이고, 다른 하나는 괄호 속에 원소가 지니는 공통된 조건을 {x | 집합의 조건}의 식으로 써 넣는 '조건제시법'이다. 구체적으로 살펴보자.

> 자연수 1에서 20 사이의 솟수를 조건제시법과
>
> 원소나열법으로 나타내라.

사뭇 긴장하며 받아든 수학 시험지에 이렇게 적혀 있다면 얼른 집합의 조건을 생각해야 한다. 이 집합이 요구하는 원소가 될 수 있는 자격은 '자연수 1에서 20 사이의 솟수'이다. 그러므로 이것을 만족하는 원소를 미지수 x로 대체하면, 조건제시법으로의 원소 표현은 이렇게 완성된다.

조건제시법 : {x | x는 자연수 1에서 20 사이의 솟수}

그리고 이 집합을 충족하는 원소는 '2, 3, 5, 7, 11, 13, 17, 19'의 8개다. 그러므로 이것들을 일일이 적으면 원소나열법으로의 원소 표현 역시 완성된다. 다음처럼.

원소나열법 : {2, 3, 5, 7, 11, 13, 17, 19}

집합을 살펴보고 원소를 나타내 보아서 알겠지만, 집합은 굉장히 많고 그런 만큼 포함하는 원소 또한 다양하다. 하지만 그 속에도 원소가 같은 집합은 얼마든지 있다. 이런 집합을 서로 같다는 의미로 '상등(相等, equality)' 관계에 있다고 한다. 즉, 두 집합 A와 B가 같은 원소로

이루어져 있을 때 'A와 B는 상등'이라 하고, A=B로 쓴다. 앞에서 예로 든, 원소나열법 {2, 3, 5, 7, 11, 13, 17, 19}로 나타낸 집합과 조건제시법 {x|x는 자연수 1에서 20 사이의 솟수}로 표현한 집합은 똑같은 원소를 가지므로 상등이다.

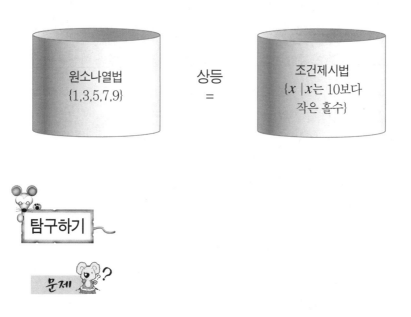

수요일 5교시, 점심식사를 마치고 난 직후의 수업이라서 그런지 유성이 떨어지듯 잠은 마구마구 쏟아졌다. 그러나 무섭기로 소문난 강무길 선생님의 수학 시간이라서 아이들은 감기는 눈을 억지로 치켜뜨며 선생님의 목소리에 귀를 기울이고 있었다.

"다섯 사람 일어나서 집합의 예를 하나씩 들어 봐라."

강무길 선생님은 무작위로 다섯 학생을 지목했고, 학생들은 나름대로 생각한 집합을 차례로 말했다.

한만희 : 우리 학교 화단에 핀 아름다운 꽃들의 모임.

김선경 : 자연수 1부터 100까지의 솟수의 모임.

송아영 : 미국 프로농구 NBA에 적을 둔 키 큰 선수들의 모임.

이명희 : 우리 반에서 수학을 잘하는 학생의 모임.

박선미 : 우리 학교 선생님들의 모임.

위 학생 중 집합의 정의에 어긋나지 않게 올바로 말한 학생은 누구와 누구일까?

(가) 한만희, 김선경

(나) 한만희, 이명희

(다) 김선경, 송아영

(라) 김선경, 박선미

(마) 이명희, 박선미

정답

우리 학교 화단에 아름다운 꽃들이라 했을 때 아름다움의 기준, 미국 프로농구 NBA에 적을 둔 키 큰 선수들이라 했을 때 키가 크다는 기준, 우리 반에서 수학을 잘하는 학생이라 했을 때 잘한다는 기준이 모호하다. 따라서 한만희, 송아영, 이명희는 집합의 적절한 예를 들지 못했다.

반면, 자연수 1부터 100까지에는 25개의 솟수가 엄연히 존재하고, 우리 학교 선생님들이란 명확한 기준이므로 김선경과 박선미가 옳게 답했다.

∴ 정답은 (라)이다.

문화 인류학자 이세병은 인류의 선조가 아프리카인인지 아닌지를 조사하기 위해서 미지의 세계, 아프리카의 오지를 탐험하다가 고목에 나란히 걸터앉은 흑인 셋을 만났다. 그 지역엔 항상 진실만 말하는 진실족과 매번 거짓만 지껄이는 거짓족이 어우러져 살고 있었다.

"가운데 앉은 사람이 진실족입니까?"

이세병 박사는 오른쪽에 앉은 흑인에게 물었다. 그러나 흑인은 고개를 가로저었다.

"아니오, 그는 거짓족입니다."

이세병 박사는 가운데 흑인에게 다가갔다.

"좌우 양쪽에 앉은 사람들이 진실족입니까?"

"네, 그들은 나와 같은 종족입니다."

흑인은 고개를 끄덕이며 대답했다.

이세병 박사는 고개를 갸우뚱거리며 왼쪽에 있는 흑인에게 걸어갔다.

"가운데 앉은 사람이 진실족입니까?"

"그렇습니다."

흑인은 빙긋 웃으며 말했다.

가운데 앉은   그들은   가운데 앉은
흑인은   나와 같은   흑인은
진실족입니다.   족입니다.   거짓족입니다.

왼쪽 흑인   가운데 흑인   오른쪽 흑인

그렇다면, 집합 진실족의 원소를 원소나열법으로 옳게 나타낸 것은 어느 것일까?

(가)진실족 : {왼쪽에 앉은 흑인}

(나)진실족 : {가운데 앉은 흑인}

(다)진실족 : {오른쪽에 앉은 흑인}

(라)진실족 : {왼쪽, 오른쪽에 앉은 흑인}

(마)진실족 : {왼쪽, 가운데, 오른쪽에 앉은 흑인}

정답

왼쪽과 오른쪽에 앉은 흑인이 가운데 앉은 흑인을 가리켜 진실족과 거짓족이라고 상반되게 말했는데도, 가운데 앉은 흑인은 그들이 자신과

같은 종족이라고 말했다. 그러므로 가운데 앉은 흑인은 거짓말을 하고 있는 것이다.

| 왼쪽 흑인 | 가운데 흑인 | 오른쪽 흑인 |

그리고 왼쪽에 앉은 흑인은 가운데 앉은 거짓족을 진실족이라고 말했으니 그도 거짓말을 한 것이다. 따라서 진실족은 오른쪽에 앉은 흑인뿐이다.

| 왼쪽 흑인 | 가운데 흑인 | 오른쪽 흑인 |

∴ 정답은 (다)이다.

물리학에서 뉴튼의 업적은 실로 대단했다. 뉴튼의 기계론적 자연관은 당시의 세상을 지배했을 뿐만 아니라, 19세기 말엽에 이르러서는 자연의 신비는 이제 더 이상 벗길 게 없다고까지 호언 장담할 만큼 도도히 흘러왔다. 그러나 거기에도 허점은 있었고 상대성 이론과 양자 역학이 그걸 여실히 입증해 보였다.

이와 마찬가지의 일이 수학사에서도 있었다. 유클리드가 창안한 기하학(유클리드 기하학)은 도형을 다루는 기본 개념으로 2천 년 가까이 수학의 세계를 통치해 왔다. 그러나 그 절대적 군주로서의 위치도 틈이 보이기 시작했다. 독일인 가우스, 러시아 인 로바체프스키, 헝가리 인 보야이는 각기 유클리드 기하학의 모순됨을 지적하는 새로운 공간 기하학(비유클리드 기하학)을 탄생시켰다.

실례로, 그들은 이러한 사실을 밝혔다.

"두 점을 잇는 최단 거리는 반드시 직선은 아니다."

"삼각형의 내각의 합은 180°보다 크거나 작을 수 있다."

원리를 알면 수학이 쉽다

인피너트 호텔
집합의 종류

이야기

　드넓은 우주 공간에 띄엄띄엄 붙박힌 별들과 이그러질 대로 이그러진 초생달만이 여린 빛으로 세상을 비추고 있을 뿐, 아직 동이 트지 않은 새벽 하늘은 검푸르렀다.

　그러나 대덕 연구소 단지 내 우주 센터 주변은 갖가지 조명으로 눈이 부실 정도였고, 이른 시간이었음에도 배웅 나온 가족과 친지들로 북적였다. 그리고 발사 준비를 기다리고 있는 M13 성단행 우주선은 여느 때보다 더욱 빛나 보였다.

　M13 성단, 지구에서 2만 1천 광년 떨어진 헤르쿨레스 별자리의 우측 허벅지 부근에 위치한, 북쪽 하늘에서 마주할 수 있는 아름다운 구상 성단 중 하나, 태양과 엇비슷한 크기의 별을 무려 10만 개 이상이나 소유하고 있는 별무리.

　드디어 우주선과 발사소 사이에 긴박하고 숨막히는 대화가 오고가기 시작했다.

"우주선 나와라."

"여기는 백두호."

Mr. 퐁 기장은 대답했다.

"지상 관제소는 모든 이륙 준비를 완료했다. 우주선은 어떠한가?"

"여기도 출발 준비를 완료하고 카운트다운이 떨어지기만을 기다리고 있는 중이다."

Mr. 퐁 기장의 음성은 흥분에 감싸여 있었다.

"마지막으로 다시 한 번 확인 점검해 주길 바란다."

"알았다."

Mr. 퐁 기장은 모니터를 주시하며 붉은색, 파란색, 초록색, 노랑색, 흰색 버튼을 차례로 눌렀다.

"무선 통신 장비 점검 완료, 조종반 완료, 기압 정상, 습도 쾌적, 온도 적당, 기분 최고, 이륙 준비 완료!"

"좋다, 곧 카운트다운에 들어가겠다."

카운트다운은 발사 1분을 남겨 놓고 시작됐다.

"60, 59, 58, 57, 56, 55……."

정확히 1초가 지날 때마다 불려지는 숫자는 백두호의 Mr. 퐁 기장과 동료 우주 비행사들에게 뿐만 아니라, 우주선에 탑승하고 있는 모든 관광객들에게도 이어폰과 스피커를 통해서 전달되었다.

"발사!"

Mr. 퐁 기장은 출발 명령이 떨어지기 무섭게 이륙 버튼을 힘차게 눌렀고, 100쌍의 신혼 부부를 태운 백두호는 하늘을 붕괴시킬 것 같은 엄

청난 굉음과 그 주변의 것들을 모두 녹일 듯한 불꽃을 퍼뜨리며 하늘로 치솟았다.

얼마나 지났을까?

곤한 잠에 빠져 있는 승객들을 깨우는 기내 방송이 흘러나왔다.

"잠시 후면 M13 성단의 가장 매력적인 별 이오타에 도착할 예정입니다. 하강시 감속 관계로 동체가 흔들릴 수 있으니 승객 여러분들께서는 안전띠를 매주시기 바랍니다."

우주 공간에서 보는 이오타는 흡사 달에서 지구를 보는 듯했다. 흰색과 파란색이 멋들어지게 어우러진 이오타의 대기를 뚫고 백두호는 무사히 착륙했다.

아이에프티 국제 공항의 입국장을 빠져나온 100쌍의 승객들은 미리 대기하고 있던 셔틀 버스에 의해서 인근 호텔로 안내되었다.

내부 시설이야 어떨지 모르지만 겉모양만큼은 최첨단식 공법을 사용한 조현대식 건물이었다. 대체 몇 개 동이 이어붙어 있는지조차 가늠하기 힘들 정도로 호텔은 그 웅장한 자태를 뽐내고 있었다. 호텔 입구로 들어서는 길 양 옆으론 지구에서는 구경해 보지 못한 진귀한 나무들이 즐비하게 늘어서 있었고, 입구 앞엔 큼지막한 간판이 호텔의 위용을 자랑하듯 박혀 있었다.

인피너트(Infinite) 호텔.

'인피너트라면 끝이 없단 뜻인데.'

김창룡 · 김희선 새내기 부부는 다른 99쌍의 신랑 신부와 함께 호텔로 들어섰다.

"지구에서 방금 도착한 신혼부부들입니다. 방 번호가 어떻게 되나요?"

관광 안내원은 호텔 지배인에게 물었다.

"방 번호라뇨?"

지배인은 아닌 밤중에 홍두깨라는 듯 눈을 크게 뜨며 관광 안내원을 바라보았다.

"한 달 전에 예약한 방이 있을 텐데요."

"우리 호텔은 예약을 받지 않습니다."

호텔 지배인의 황당한 대답에 관광 안내원의 얼굴은 새파랗게 변했다.

"예…… 예…… 약을 안 받는다구요?"

"그렇습니다."

지배인의 단호한 말이 끝나기가 무섭게 신혼부부들의 고성이 여기저기에서 터져나왔다.

"예약을 받지 않는 호텔이 어디에 있나!"

"우리에게 방을 달라!"

이제 관광 안내원의 안색은 새파랗다 못해 노랗게 변했다. 지배인은 그런 그를 재미있다는 표정으로 보고 있다가 조용히 말했다.

"그러나 절대 걱정하실 필요는 없습니다."

"그…… 그…… 게 무슨 뜻입니까?"

"호텔의 이름 인피너트가 암시하듯 우리 호텔은 무한 호텔입니다. 그렇기 때문에 방은 무한정으로 있습니다. 일억 명이 찾아오든 천억 명이 한꺼번에 밀어닥치든 방은 항시 마련할 수가 있으니까 절대 걱정마십시오."

관광 안내원은 지배인의 말이 무슨 뜻인지 곧바로 이해하지 못했다. 그렇지만 일단 방 문제가 해결됐다는 사실에 안도의 한숨을 내쉬었다.

"휴~ 우!"

"몇 개나 필요하십니까?"

"더블 베드가 있는 방으로 100개 주세요."

"1호실부터 100호실까지 드릴까요, 아니면 101호실부터 200호실까질 원하십니까? 그도 아니면 말만 하세요, 어느 방이든지 드리겠습니다."

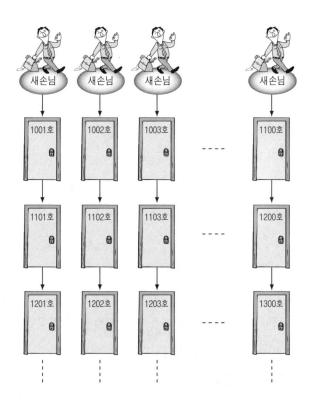

"전망도 있어야 하니까 1호실은 그렇고 1001호실부터 1100호실까지 주세요."

"알겠습니다."

지배인은 곧바로 마이크를 들었다.

"호텔 객실에 계신 손님 여러분께 알립니다. 1001호실부터 1100호실까지가 필요하게 되었습니다. 죄송스럽지만, 객실 번호가 1001호 이상인 방에 투숙하고 계신 손님 여러분들께서는 이동해 주시기 바랍니다. 지금 묵고 있는 방 번호에 100을 더한 호수가 적힌 방으로 말입니다."

무한 집합과 칸토어

인피너트 호텔, 이름하여 무한 호텔에는 방의 갯수가 한없다. 아무리 세려고 해도 도저히 불가능하다. 이처럼 원소(인피너트 호텔에서는 방)가 끝이 없어서 도저히 셀 수 없는 집합을 '무한 집합'이라고 한다.

무한 집합의 개념을 심도 있게 파고든 사람 중에 칸토어(Georg Cantor, 1845~1918)라

칸토어

는 수학자가 있었다. 칸토어는 당대까지 통념적으로 받아들여지던 집합

의 개념을 송두리째 뒤바꾸는 발상을 발표했다.

"무한에도 작은 무한과 큰 무한이 있다."

셀 수 없는 것이 그보다 더 작은 셀 수 없는 것으로 이루어져 있다니, 참 기상천외한 발상이 아닐 수 없다. 당시에 일반적으로 받아들여진 무한의 개념은 이러한 것이었다.

"무한은 더 이상 생각할 여지가 없는 무한 그 자체이다."

"어떠한 형태의 무한이든지 무한은 모두 동일한 것으로 간주한다."

이런 통념을 깨고 당당히 외친 '무한 집합론'의 창시자, 그가 바로 칸토어였던 것이다. 그러나 시대를 앞질러간 천재의 삶이 다 그러했듯, 칸토어의 인생 역시 좌절의 이어짐이었다.

"무한은 상상의 산물이지만 단순히 유한의 대체품으로 써먹기 위해 그려낸 부정적 존재가 아니다."

칸토어는 이렇게 역설했지만 당시의 학자들은 좀처럼 믿으려 하지 않았다. 아니, 그 정도에서 그친 게 아니었다. 그들은 칸토어를 싸잡아 바보 취급해 정신병원을 드나들게 하였고 급기야는 1918년 시골의 작은 정신병원에서 눈을 감는 비운을 맞게 하였다.

모든 일이나 현상에는 반드시 원인과 결과가 있듯이, 당시의 수학자들이 칸토어가 내놓은 무한 집합의 개념을 선뜻 받아들이려고 하지 않았던 데에도 분명 이유는 있었다. 그게 뭐고 하니 초월성이다. 다시 말해 무한 집합의 비상식적 개념 때문이었다. 셈할 수 있다는 한계를 넘어선다는 것, 얼핏 생각해도 쉽게 납득이 가지 않는 의미인 것만은 확실하다. 또한 그것을 여실히 뒷받침하기라도 하듯 무한의 초월성은 얼토당토 않은 가설을 마구마구 튀어나오게 한다.

무한의 예

길이라고는 하나뿐인, 그것도 곧게 뻗은 직선 도로 위에 시철이와 막철이가 서 있다.

"너희 집에서 우리 집까지 올 수 있다고 생각하니?"

막철이는 짐짓 의미심장하게 물었다.

"그야, 당연한 거 아니야. 다리가 부러지면 기어서라도 가면 되니까."

그러나 시철이는 별 우스운 질문 다 보겠다는 듯이 대답했다.

"좋아, 그렇다면 내가 그럴 수 없음을 증명해 보일 테니까, 잘못된 곳을 지적해 봐."

막철이는 잠시 뜸을 들인 후 이내 말을 이었다.

"너희 집에서 우리 집까지 오기 위해서는 중간 지점인 중철이네 집을 반드시 거쳐야 해."

시철이는 고개를 끄덕였다.

"또 중철이네 집까지 가기 위해서는 중간 지점인 또중이네 집을 지나야 하고, 또중이네 집까지 가기 위해서는 중간 지점인 연중이네 집을 그리고……."

"잠깐 잠깐."

시철이는 막철이의 말을 끊었다.

"머리가 혼란스러워지는데, 정리 좀 하자. 그런 식으로 나아가면 중간 지점은 한이 없잖아."

"그래 맞아, 끝이 없어. 그렇게 만들어지는 중간 지점은 무한개야. 무한개의 지점은 셀 수도 없을 뿐만 아니라 전부 지나갈 수도 없지. 다 거

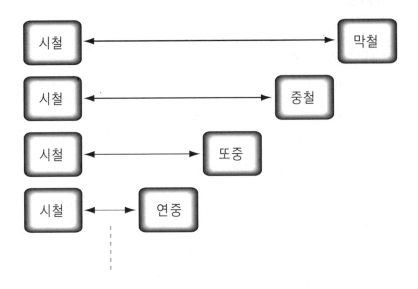

치려면 한없는 시간이 걸릴 테니까 그건 너무도 당연한 거야. 그러니까 너희 집에서 우리 집까지 온다는 건 애당초부터 불가능한 일이었다고."

시철이는 멀뚱히 막철이의 얼굴만 쳐다보았다.

유한 집합

집합에는, 이처럼 묘한 패러독스를 양산하는 무한 집합만 있는 건 아니다. 뚱뚱이가 있으면 홀쭉이가 있고, 부자가 있으면 거지가 있듯, 무한이 있으면 유한이 있다. 유한개의 원소를 갖는 집합을 말 그대로, '유한 집합'이라고 부른다. 물론, 유한 집합이라고 해서 반드시 그 원소의 갯수가 적을 필요는 없다. 밥도 안 먹고 평생을 세어도 못 셀 만큼 많다 할지라도 원소의 갯수가 무한하지만 않으면 그건 유한 집합이다.

$\{x \mid x$는 1000조의 약수$\}$

$\{x \mid x$는 1부터 100^{100}까지의 자연수$\}$

$\{x \mid x$는 -1000경부터 1000경까지의 정수$\}$

이 세 집합은 인류 멸망의 그 순간까지 센다 해도 다 못 셀 만큼의 원소를 갖고 있는 집합이다. 그럼에도 이들 역시 그 원소의 갯수가 한정되어 있으므로 유한 집합이다.

무한과 유한에 대한 개념은 아주 오래 전부터 동서양 모두에 있어 왔는데, 다음의 말은 유한 집합의 뜻을 너무도 확실히 담고 있다.

"나는 전세계에 흩어져 있는 모래알의 수를 충분히 계산할 수가 있다."

어찌 보면 얼토당토 않아 보이는 이 말을 한 주인공은 목욕탕에서 부력의 원리를 발견하고 그 넘치는 기쁨에 벌거벗은 몸으로 "유레카(발견했다)!"를 외치며 거리를 뛰어다닌, 고대 그리스의 대과학자 아르키메데스다.

아르키메데스

아르키메데스는 물리학(나에게 커다란 지레와 그것을 놓을 수 있는 장소만 마련해 주면 지구도 들어보일 수 있다)뿐만 아니라, 수학에서도 천재적인 능력을 유감없이 발휘하였는 바, 언뜻 보기에 황당해 보이는 앞의 말은 그것을 여실히 입증해 주고도 남음이 있다.

전세계에 있는 모래알의 수를 갯수 하나 틀리지 않고 맞춘다는 건 그 자체가 우습고 불가능한 일이다. 하지만 그럼에도 아르키메데스는 그걸 계산해냈다. 이때 그 결과의 옳고 그름은 결코 큰 문제가 아니다. 계산 결과가 숫자로 도출되었다는 사실, 그것은 모래알의 갯수가 무한이라고 생각하고 있던 다수의 사람들에게 경종을 울려줌과 동시에 '유한'이라는 개념을 정립시키는 데 일조를 했기 때문이다.

유화나 조각 작품도 그 표현 방식이나 구현 양식에 따라서 비잔틴, 바로크, 로코코······ 등으로 나뉘어지듯, 유한 집합도 모양새에 따라서 여러 이름으로 불려진다.

공집합

유한 집합이라곤 하지만 그것이 항상 원소가 있어야만 성립하는 건 아니다. 아무런 의미도 갖지 못할 듯 싶은 무한이 대단한 의미를 지니고 있듯, 아무것도 존재치 않는 무(無) 또한 의미를 갖는 건 당연하다. 노자의 도덕경에도 그러함은 여실히 들어 있지 않은가?

"말로 표출해낼 수 있는 도(道)는 항구불변한 본연의 도가 아니고, 이름지어 부를 수 있는 이름은 참다운 실재의 이름이 아니다. 무(無)는 천지의 시초이고······ 그러므로 무(無)에서 항상 오묘한 도의 본체를 관조해야 하고······."

원소가 하나도 존재치 않는 집합을 '공집합'이라고 한다.

실제로 그러한 집합이 있을까, 내심 의구하는 사람이 적지 않으리라 생각되지만, 다음의 집합을 마주하는 순간 그런 걱정은 한낱 기우였음이 밝혀진다.

$\{x \mid x$는 9보다 큰 한 자리 홀수$\}$

9보다 큰 홀수는 11부터 시작된다. 그런데 조건에서는 한 자리 수를 요구하고, 11은 두 자리 수이니 9보다 큰 한 자리 홀수는 존재할 수가 없다. 따라서 이 집합에 속하는 원소는 하나도 없으니 공집합일 수밖에. 이 밖에도 공집합은 무궁무진하다.

$\{x \mid x$는 5보다 작은 5의 배수$\}$
$\{x \mid x$는 1보다 작은 자연수$\}$
$\{x \mid x$는 10에서 11 사이의 자연수$\}$
……

전체 집합과 부분 집합

유한개의 원소를 가진 집합들이 산재해 있을 때 그들 모두를 묶어 '전체 집합', 그 하나하나를 '부분 집합'이라고 한다. 물론, 부분 집합이 반드시 전체 집합과 연관해서만 성립하는 건 아니다.

A = {6, 12, 18, 24 …… 666}

B = {3, 6, 9, 12 …… 666}

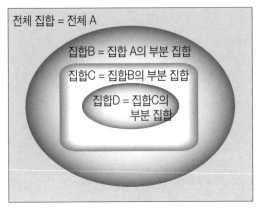

전체 집합과 부분 집합

A는 6의 배수, B는 3의 배수의 집합이다. 그런데 두 집합의 공통된 원소{6, 12, 18, 24…… 666}은 바로 6의 배수이다. 이는 집합 A가 B에 포함됨, 즉 B의 부분 집합이 됨을 뜻한다. 이처럼 어떤 한 집합의 원소가 다른 집합에 전부 속할 때, 부분 집합의 관계에 있다고 한다. 그리고 여기에는 간과해선 안 될 사실이 있는데, "자신은 자신에 속한다"는 것이 그것이다. 즉 집합 A의 원소는 A에, B의 원소는 B에 그대로 포함된다. 이런 의미에서 부분 집합은 자기 자신을 포함한다. 또한 공집합 역시 부분 집합에 넣는다. 그럼, 예를 통해서 부분 집합의 갯수를 살펴보자.

"집합 {1, 2, 3, 4}의 모든 부분 집합을 구해라."

우선, 공집합(원소가 없는 경우)과 자신(원소가 4개인 경우:{1, 2,

3, 4})은 부분 집합에 속하니 2개는 구했고, 원소가 1개, 2개, 3개일 때
의 가지수는 이렇다.

원소가 한 개인 경우 : {1}, {2}, {3}, {4}

원소가 두 개인 경우 : {1, 2}, {1, 3}, {1,4}, {2, 3}, {2, 4}, {3, 4}

원소가 세 개인 경우 : {1, 2, 3}, {1, 2, 4}, {1, 3, 4}, {2, 3, 4}

따라서 부분 집합의 전체 갯수는 공집합+자신+4+6+4=16개가
된다.

{ }

{1}, {2}, {3}, {4}, {5}

{1, 2}, {1, 3}, {1, 4}, {1, 5}
{2, 3}, {2, 4}, {2, 5}
{3, 4}, {3, 5}
{4, 5}

{1, 2, 3}, {1, 2, 4}, {1, 2, 5}
{1, 3, 4}, {1, 3, 5}
{1, 4, 5}
{2, 3, 4}, {2, 3, 5}, {2, 4, 5}
{3, 4, 5}

{1, 2, 3, 4}, {1, 2, 3, 5}
{1, 2, 4, 5}, {1, 3, 4, 5}
{2, 3, 4, 5}
{1, 2, 3, 4, 5}

집합(1, 2, 3, 4, 5)의 부분 집합

간단한 다각형을 이용하면 복잡한 것을 쉽게 표현할 수 있다. 가령 지도를 제작하면서 고속도로, 국도, 철도, 지하철, 국립 공원, 도립 공원, 성곽, 특별 소재지, 도청 소재지, 구청, 동사무소, 경찰서, 우체국, 대학교, 중·고등학교, 초등학교, 병원, 은행, 식당, 터미널…… 등을 나타낼 때 원래 모습 그대로 그리는 것이 아니라 간단한 도형과 문자를 이용한다.

이 방법은 다양한 집합을 그림으로 표현할 때에도 예외가 아닌데, 그걸 '벤 다이어 그램'이라고 한다. 즉 벤 다이어 그램이란 원, 타원, 직사각형등의 도형을 이용하여 여러 집합 사이의 관계를 나타낸 그림을 말한다. 벤 다이어 그램은 이 것을 처음으로 창안한 영국의 논리학자

벤

벤(J. Venn, 1834~1923)의 업적을 기리기 위해서 붙인 이름이다.

일반적으로 전체 집합은 커다란 직사각형으로 표현하고, 그 속에 자그마한 집합을 원이나 타원의 형태로 그려 넣는다.

여러 집합

전체 집합 U 속에 집합 A가 들어 있으면, 부분 집합 A뿐만 아니라 그 바깥 지역도 집합이다. 이런 집합을 '여집합'이라고 한다. 즉 무엇 무엇인 집합에 대해서 그것을 제외한 무엇 무엇이 아닌 집합을 '여집합'이라고 한다.

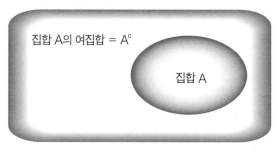

집합 A의 여집합 = A^c

집합 A

여집합

예를 들어, 가방을 든 학생과 그렇지 않은 학생이 섞여 있을 때, 가방을 든 학생의 여집합은 가방을 들지 않은 학생이다. 이 개념은 확률을 계산할 때에도 아주 유용하게 쓰인다.

여러 집합이 있다고 해서 항상 포함 관계가 성립하는 건 아니다. 집합과 집합이 겹치는 경우도, 완전히 떨어지는 경우도 있다. 이때 겹친 부분을 '교집합' 이라고 하고, 떨어져 있든 붙어 있든 합친 전체를 '합집합' 이라고 한다.

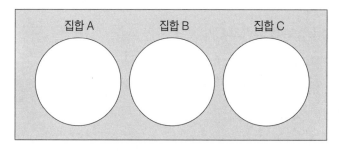

집합 A   집합 B   집합 C

떨어져 있는 집합의 합집합 $(A \cup B \cup C) = A + B + C$

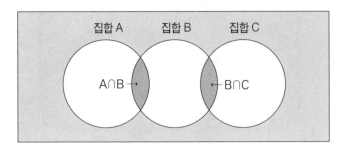

일부 공존하는 집합의 교집합 (A∩B, B∩C)

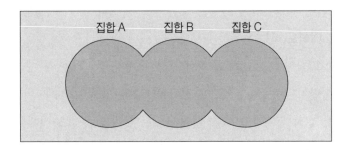

일부 공존하는 집합의 합집합 (A∪B∪C)

집합 U, A, B 그리고 C가 있다.

$U = \{ 0, 1, 2, 3, 4, 5, 6, 7, 8, 9, 10, 11, 12 \}$

$A = \{ 1, 3, 5, 7, 9 \}$

$B = \{ 2, 4, 6, 8, 10 \}$

$C = \{ 1, 2, 3, 4, 5 \}$

이것을 벤 다이어 그램으로 그리면 다음과 같다.

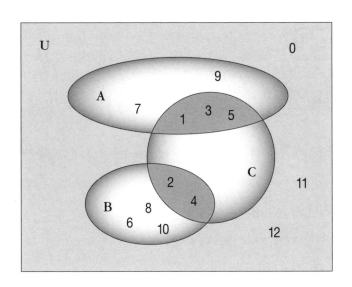

집합 U는 A와 B와 C를 모두 포함하니, U는 전체 집합이고 A와 B 와 C는 부분 집합이다. A의 여집합이라 하면, A을 제외한 집합이다.

A의 여집합 = { 0, 2, 4, 6, 8, 10, 11, 12 }

A와 B는 공통 부분이 없어서 두 집합 사이에는 교집합이 없다. 그렇 지만, A와 C, B와 C 사이에는 교집합이 존재한다.

A와 C의 교집합 = { 1, 3, 5 }

B와 C의 교집합 = { 2, 4 }

그리고 A와 B, A와 C, B와 C의 합집합은 두 원소를 모두 합한 집 합이다.

A와 B의 합집합 = { 1, 2, 3, 4, 5, 6, 7, 8, 9, 10 }

A와 C의 합집합 = { 1, 2, 3, 4, 5, 7, 9 }

B와 C의 합집합 = { 1, 2, 3, 4, 5, 6, 8, 10 }

퐁이 수학 시험지를 받아드니 1번 문제에 턱 하니 이런 문제가 적혀 있었다.

전체 집합과 A와 B의 두 집합이 있다.

전체 집합=$\{a, b, c, d, e, f, g, h, i\}$

A=$\{a, b, c, d, e\}$

B=$\{b, d, f, g\}$

이때 원소의 갯수가 가장 많은 집합은 어느 것인가?

(가)A와 B의 교집합=$A \cap B$

(나)A의 여집합=A^c

(다)B의 여집합=B^c

(라)A의 여집합과 B의 합집합=$A^c \cup B$

(마)A의 여집합과 B의 여집합의 합집합=$A^c \cup B^c$

전체 집합과 집합 가와 나를 벤 다이어 그램으로 그려 보면 다음과 같으니, 보기의 다섯 집합은 이렇게 분류된다.

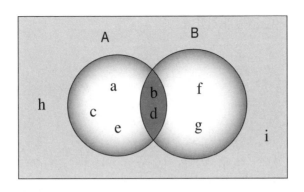

A와 B의 교집합 = { b, d }

A의 여집합 = { f, g, h, i }

B의 여집합 = { a, c, e, h, i }

A의 여집합과 B의 합집합 = { b, d, f, g, h, i }

A의 여집합과 B의 여집합의 합집합 = { a, c, e, f, g, h, i }

따라서 원소의 갯수가 가장 많은 집합은 7개인 'A의 여집합과 B의 여집합의 합집합' 이다.

∴ 정답은 (라)이다.

풍은 수업을 마치고 집으로 가던 중 유치원에 다니는 옆집 순이가 놀이터에 쭈그리고 앉아서 분필로 낙서를 하고 있는 것을 보았다. 순이는 하나의 타원과 두 개의 원에 A, B, C라 적고 한 곳에 검은 칠을 했다.

퐁은 곰곰이 생각해 보았다.

'이것은 어떤 집합과 같을까?'

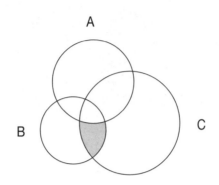

자, 순이가 색칠한 부분은 다음의 어느 집합과 같을까?

(가) A와 B와 C의 합집합=A∪B∪C

(나) A와 B와 C의 교집합=A∩B∩C

(다) A의 여집합과 (B와 C의 교집합과의) 교집합=A^c∩(B∩C)

(라) A와 (B의 여집합과 C의 합집합의) 교집합=A∩(B^c∪C)

(마) A와 (B와 C의 합집합의 여집합의) 교집합=A∩$(B∪C)^c$

이 다섯 집합을 벤 다이어 그램으로 표시하면 다음과 같다. 따라서 순이가 색칠한 부분과 똑같은 집합은 'A의 여집합과 (B와 C의 교집합과의) 교집합'이다.

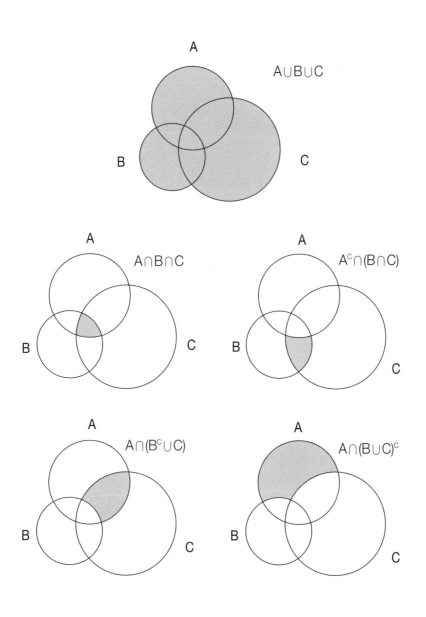

$$\therefore \text{정답은 (다)이다.}$$

집합의 종류에는 우리가 앞에서 살펴본 것들 말고도 '차집합'이라는 것이 있다. 이것은 말 그대로 뺀 집합이다.

가령, A 차집합 B(A-B)는 A의 원소에서 B의 원소를 뺀 나머지로 이루어지는 집합을 뜻한다. A 차집합 B는 A와 (B의 여집합의) 교집합과 같은데, 이것은 벤 다이어 그램을 그려 보면 확연히 알 수가 있다.

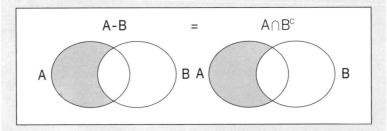

그리고 집합에는 이 등식 말고도 굉장히 유용하게 쓰이는 공식이 있다. 이것은 집합에 포함된 원소의 개수을 알아내는 것으로 다음과 같다.

A와 B의 합집합의 개수=A의 원소의 개수+B의 원소의 개수-A와 B의 교집합의 원소의 개수

이 또한 벤 다이어 그램으로 성립함을 명확히 알 수가 있다.

114

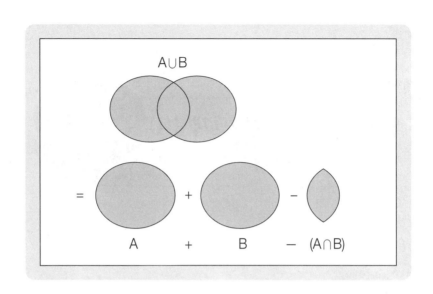

원리를 알면 수학이 쉽다

동네 어른은 모두 거짓말쟁이(2)

진리값

이야기

"퐁! 퐁!"

"퐁녀! 퐁녀!"

학생들은 환호했고 점쟁이 할머니는 매우 당황한 모습을 감추지 못했다. 점쟁이 할머니는 짓뭉개진 자존심을 조금이라도 만회해 보기 위해 퐁과 퐁녀가 한 말을 곰곰이 되살리며 궁리를 했다. 그러나 아무리 쥐어짜며 생각을 해도 좀처럼 틀린 구석을 찾아낼 수가 없었다.

'더 있다간 망신만 당하겠다.'

점쟁이 할머니는 그 자리를 벗어날 묘안을 찾기 시작했다. 그러나 그럴싸한 변명거리마저 떠오르지 않자 점쟁이 할머니는 이러지도 저러지도 못하며 발만 동동 구르고 있었다. 그 때였다. 나이에 걸맞지 않게 흰 머리가 많아서 친구들보다 서너 살은 더 들어 보이는 퐁섭이가 맨땅에서 황금이라도 캐낸 사람처럼 들뜬 목소리로 외쳤다.

116

"알았다!"

학생들의 시선이 퐁섭이에게 몰리면서 그들의 입에선 누가 먼저랄 것도 없이 외마디가 튀어나왔다.

"무엇을?"

퐁섭이는 차근차근 설명했다.

"퐁의 말대로라면 점쟁이 할머니는 틀림없이 거짓말을 한 셈입니다. 하지만……."

퐁섭이는 갑자기 말을 끊었고 점쟁이 할머니와 학생들의 얼굴에는 긴장감마저 감돌았다.

"빨리 말해 봐."

퐁이 재촉했다.

인섭이는 헛기침을 세 번 하고는 다시 입을 열었다.

"'우리 동네 어른은 거짓말쟁이다'라고 한 말이 참이 아니라는 것은 '우리 동네 어른은 거짓말쟁이가 아니다'란 말이 거짓이 아니란 것과 같은 뜻입니다."

"으익!"

"뭐, 뭐라구?"

"도통 뭐가 뭔지."

학생들은 황당한 듯 저마다 한 마디씩 내뱉었다. 눈빛으로 봐서는 점쟁이 할머니도 제대로 이해한 것 같진 않았으나 흡족해 하는 듯 보였다.

"퐁섭아, 좀 자세하게 설명해 줘."

퐁은 떨리는 목소리로 물었다.

"앞으로 나와서 설명하세요."

점쟁이 할머니가 말했다.

점쟁이 할머니 옆에 선 퐁섭이는 들고 나온 축구공을 번쩍 집어들었다.

"이것은 축구공이 아니다."

이에 퐁녀는 당황함이 사그러들지 않은 어투로 짜증스럽게 말했다.

"헛소리 그만 하고 말해 봐."

"기다려 보세요."

점쟁이 할머니도 퐁녀만큼이나 당황한 눈빛을 감추지 못하며 말했다.

"그렇습니다. 방금 제가 한 말은 분명 거짓말입니다. 이렇게 해야 옳은 말이 됩니다. '이것은 축구공이다.'"

곳곳에서 수근대는 소리가 들렸으나 퐁섭이는 개의치 않고 말을 이어나갔다.

"이렇듯 참과 거짓은 종이의 앞ㆍ뒷면이라고 볼 수가 있습니다. 그러니 참을 거짓으로 만들거나 거짓을 참으로 바꾸려면 어떻게 하면 되겠습니까?"

"그야 '이다'를 '아니다'로 바꾸든가 '아니다'를 '이다'로 바꾸면 되지."

퐁은 허탈스레 말했고 퐁섭은 빙그레 웃으며 말을 계속했다.

"그렇습니다. 그러므로 거짓말 '거짓말쟁이다'를 참말로 바꾸려면 '거짓말쟁이가 아니다'로 바꾸면 됩니다."

퐁섭은 퐁과 퐁녀를 바라보았다. 그 눈매가 이젠 이해했느냐 하고 조롱하는 듯했다.

퐁녀는 벌어진 입을 다물 줄을 몰랐고 퐁은 넋나간 사람처럼 말을 뱉었다.

"그렇다면…… 점쟁이 할머니의 말이……."

다른 학생들은 대체 뭐가 뭔지 모르겠다는 듯 서로의 얼굴만 멍하니 쳐다보았다.

명제

사상이나 감정을 표현하되, 소리를 이용하면 말이고 글자를 사용하면 글이다. 그러하기에 말과 글은 다르지 않을 듯 보이나 실상은 전혀 그렇지 못하다. 입 밖으로는 아무런 주저함이나 머뭇거림 없이 뇌까리는 사람도 종이와 연필을 주고 글로 써보라고 하면 사뭇 망설이기 일쑤이고 혀를 내두르며 난색을 하는 사람도 적지 않다. 바로 거기에 말과 글이 같으면서 다른 점이 존재하는 것이다.

사상이나 감정이 언어로 표출됐건 문자로 표현됐건 주어와 서술어를 갖추면 문장이 된다. 문장은 서술하는 방식에 따라서 다양하게 분류되는데, 그날에 있었던 일을 사실적으로 담담히 표현하면 일기, 하고 싶은 말을 편지지에 써 보내면 서간문, 자연이나 생활 속에서 얻은 느낌을 적으면 감상문, 어떤 사건을 과장이나 장식, 누락 없이 분명하고 정확하게 기록하면 기사문, 문화 일체에 대해 자신의 의견을 주장하고 진술하고 선전하고 권유하면 논설문······.

이러한 문장 중에는 그것이 참인지 거짓인지 명확히 구별할 수 있는 것이 있는데, 그것을 '명제' 라고 한다. 명제는 이렇게 정의한다.

> 어떤 주장이나 판단을 나타내는 문장 중에서 참인지
> 거짓인지를 분명하게 판별할 수 있는 것

그러면 다음의 여러 문장을 살펴보자.

제주도는 대한민국의 영토다. ·· (a)

평양은 대한민국의 수도다. ···································· (b)

아인슈타인은 상대성 이론을 15세기에 발표했다. ············· (c)

$100+200=300$ ··· (d)

기체의 압력과 부피는 비례한다. ······························· (e)

유전자 이상과 유전병은 전혀 무관하다. ······················ (f)

태평양 해저에는 망간 단괴가 무진장 묻혀 있다. ·············· (g)

지구에서 가장 가까운 별은 태양이다. ························· (h)

이 여덟 문장은 참인지 거짓인지가 명확한 문장, 즉 명제다. 이것들의 참과 거짓을 밝혀보면, 제주도는 대한민국의 영토이니 (a)는 참, 평양은 대한민국의 수도가 아니니 (b)는 거짓, 아인슈타인은 상대성 이론을 20세기에 발표했으니 (c)는 거짓, $100+200=300$이니 (d)는 참, 기체의 압력과 부피는 반비례하니 (e)는 거짓, 유전자 이상과 유전병은 깊은 관계가 있으므로 (f)는 거짓, 태평양 해저에는 망간 단괴가 무진장 묻혀 있으므로 (g)는 참, 지구에서 가장 가까운 별은 태양이므로 (h)는 참이다.

이에 비해 다음의 여덟 문장은 참인지 거짓인지를 판별할 수가 없기에 명제가 아니다.

제주도의 유채꽃은 참으로 아름다워!

평양에서의 김일성 주석 장례식.

아인슈타인의 사생활은 어떠했을까?

100과 200을 더해라.

기체는 왜 압력과 부피를 가질까?

유전자를 이용하여 유전병을 고치자.

태평양 해저의 망간 단괴를 어떻게 걷어올리지.

지구에서 가장 가까운 별이 사라진다면.

논리적 언어

강의 이쪽과 저쪽을 연결하기 위해서 다리가 필요하고 아래층과 위층을 오고가기 위해서 계단이 절실하듯, 명제와 명제를 이을 경우에도 이음씨를 이용하는데 그것을 '논리적 언어'라고 한다. 논리적 언어에는 [또는], [그리고], [아니다], [이면] 등이 빈번히 사용되고, 이들을 사용해서 만들어진 문장을 '합성 명제'라고 한다. 그리고 더 이상 분해할 수 없는 문장을 '단순 명제'라고 한다.

다음의 단순 명제를 보자.

눈이 온다.
먹구름이 낀다.

이것을 [또는], [그리고], [아니다], [이면] 등으로 이으면 다음과 같은 합성 명제를 얻는다.

눈이 오거나 먹구름이 낀다. ·································· (1)
눈이 오고 먹구름이 낀다. ·································· (2)
눈이 오지 않는다. ·· (3)
먹구름이 끼지 않는다. ···································· (4)
눈이 오면 먹구름이 낀다. ································ (5)
눈이 오면 먹구름이 끼고 먹구름이 끼면 눈이 온다. ··········· (6)

여기에서 [또는]으로 연결된 (1)을 논리합, [그리고]로 연결된 (2)를 논리곱, [아니다]로 연결된 (3)과 (4)를 부정문, [이면]으로 연결된 (5)를 조건문 그리고 조건문이 연이어진 (6)을 쌍조건문이라고 한다.

일반적으로 명제는 영문자 p, q, r로 나타내는데, 두 명제 p와 q에 대해서 논리합, 논리곱, 부정, 조건문 그리고 쌍조건문을 정의하면 이렇다.

	문 장	기 호
논리합	p 또는 q	$p \lor q$
논리곱	p 그리고 q	$p \land q$
부 정	p가 아니다	$\sim p$
조건문	p이면 q이다.	$p \to q$
쌍조건문	p이면 q이고 q이면 p이다.	$p \leftrightarrow q$

조건문 $p \to q$에서 p를 가정, q를 결론이라고 하는데, 쌍조건문 $p \leftrightarrow q$는 두 조건문 $p \to q$와 $q \to p$의 논리곱 $[(p \to q) \land (q \to p)]$이다.

진리값

명제가 참인지 거짓인지를 판별할 때 흔히 영문자 T와 F를 이용하는데 T는 true, F는 false의 머리 글자로 각각 참과 거짓을 뜻한다.

명제의 진리값은 반드시 T, F로 나타내는 것은 아니고 숫자 1과 0을 사용하기도 한다.

논리합, 논리곱, 부정, 조건문 그리고 쌍조건문이 참과 거짓이 되는 경우는 다음과 같을 때이다.

논리합 $[p$ 또는 $q]$가 참이 되는 경우는 p와 q 중 적어도 한쪽이 참일 때이다. 다시 말해 논리합은 p와 q 중 적어도 한쪽이 참일 때이다. 다시 말해 논리합은 p와 q가 모두 거짓일 때 거짓 문장이 된다.

p	q	$p \lor q$
T	T	T
T	F	T
F	T	T
$\mathbb{F}$	$\mathbb{F}$	$\mathbb{F}$

논리합의 진리값

따라서 앞의 합성 명제 (1) "눈이 오거나 먹구름이 낀다"가 거짓이 되기 위해서는 단순 명제 "눈이 온다"와 "먹구름이 낀다"가 모두 거짓 인 "눈이 오지 않고 먹구름이 끼지 않는" 경우이다. 그러니까 눈이 내리 지 않는 것은 말할 것도 없고 먹구름도 끼지 않았는데, 눈이 오거나 먹 구름이 낀다고 말하면 거짓이란 뜻이다.

논리곱 〔p 그리고 q〕가 참이 되는 경우는 p와 q가 모두 참일 때이 다. 다시 말해 논리곱은 p와 q 중의 하나가 거짓이면 거짓 문장이 된 다.

p	q	$p \land q$
$\mathbb{T}$	$\mathbb{T}$	$\mathbb{T}$
T	F	F
F	T	F
F	F	F

논리곱의 진리값

따라서 합성 명제 (2) "눈이 오고 먹구름이 낀다"가 참이 되기 위해 선 단순 명제 "눈이 온다"와 "먹구름이 낀다"가 모두 참인 "눈이 오고 먹구름이 끼는" 경우이다. 그러니까 눈도 오고 먹구름도 끼었을 때 눈 이 오고 먹구름이 낀다라고 해야만 옳다는 말이다.

부정 [p가 아니다]가 참인 경우는 p가 거짓일 때이다. 다시 말해 부 정이란 말 그대로 원 명제의 반대를 뜻한다.

p	$\sim p$
T	F
F	T

부정의 진리값

조건문 [$p \rightarrow q$]의 진리값은 p가 참이고 q가 거짓일 때 거짓 문장이 된다. 다시 말해 참인 가정에서 거짓인 결론을 이끌어내는 경우에만 거 짓이 된단 말이다.

p	q	$p \rightarrow q$
T	T	T
T	F	F
F	T	T
F	F	T

조건문의 진리값

126

따라서 합성 명제 (5) "눈이 오면 먹구름이 낀다"가 거짓이 되기 위해선 단순 명제 "눈이 온다"가 참이고 "먹구름이 낀다"가 거짓인 "눈이 오고 먹구름이 끼지 않는" 경우이다. 그러니까 눈이 오는데 먹구름이 끼지 않았다고 하면 틀린단 말이다.

쌍조건문의 [$p \leftrightarrow q$]의 진리값은 p와 q가 둘 다 참이거나 둘 다 거짓일 경우에만 참으로 정의한다. 다시 말해 참인 가정에서 참인 결론, 거짓인 가정에서 거짓인 결론을 이끌어내는 경우에만 합성 명제가 참이 된다는 뜻이다.

p	q	$p \leftrightarrow q$
T	T	T
T	F	F
F	T	F
F	F	T

쌍조건문의 진리값

따라서 합성 명제 (6) "눈이 오면 먹구름이 끼고, 먹구름이 끼면 눈이 온다"가 참이 되기 위해선 단순 명제 "눈이 온다"가 참이고 "먹구름이 낀다"가 참인 "눈이 오고 먹구름이 낀" 경우와, "눈이 온다"가 거짓이고 "먹구름이 낀다"가 거짓인 "눈이 오지 않고 먹구름도 끼지 않은" 경우이다. 그러니까 눈이 오고 먹구름이 끼었을 때나 눈이 오지 않고 먹구름이 끼지 않았을 때, "눈이 오면 먹구름이 끼고, 먹구름이 끼면 눈이 온다"라고 해야만 옳은 것이다.

합성 명제와 모순 명제

난자와 정자가 결합을 해서 하나의 생명체가 세상에 모습을 드러내지만 생김새와 성격은 천차만별이다. 합성 명제의 진리값도 이와 결코 다르지 않은 상황을 연출한다. 몇 개의 논리적 언어를 이용해서 참과 거짓을 판별하지만 합성 명제의 진리값을 살펴보면 인간의 생김새나 성격의 다양성만큼이나 화려한 진리표가 나온다. 그 중에서 항상 참인 명제와 항상 거짓인 명제도 있을 것인데, 앞의 것을 "항진 명제", 뒤의 것을 "모순 명제"라고 한다. 즉 진리값이 언제나 참으로 나타나는 명제를 항진 명제, 항상 거짓으로 나타나는 명제를 모순 명제라고 한다.

그러면 어떤 명제가 항진 명제이고 모순 명제인지 알아보자. 먼저 항상 참이 되는 명제 $p{\rightarrow}(p{\vee}q)$의 진리값을 구해보자. 논리합은 p와 q가 거짓일 때만 거짓이고, 조건문은 조건이 참이고 결론이 거짓일 때만 거짓이므로, 합성 명제 $p{\rightarrow}(p{\vee}q)$는 p가 참이고 $(p{\vee}q)$가 거짓일 경우 거짓 명제가 된다. 그러나 진리값을 구해 보면 그러한 경우는 나타나지 않는다. 따라서 이 명제는 항진 명제이다.

p	q	$p{\vee}q$	p	$\rightarrow$	$(p{\vee}q)$
T	T	T	T	$\mathbb{T}$	T
T	F	T	T	$\mathbb{T}$	T
F	T	T	F	$\mathbb{T}$	T
F	F	F	F	$\mathbb{T}$	F

다음으로 항상 거짓이 되는 명제 $\sim\{[(p{\to}q)\wedge\sim q]{\to}\sim p\}$의 진리 값을 알아보자. 조건문 $p{\to}q$는 p가 참이고 q가 거짓일 때만 거짓이고, 부정 $\sim q$는 q의 진리값과 반대이고, 조건문 $p{\to}q$와 부정 $\sim q$와의 논리곱은 $p{\to}q$와 $\sim q$가 모두 참일 때 참이다. 따라서 합성 명제 $[(p{\to}q)\wedge\sim q]{\to}\sim p$의 진리값은 $[(p{\to}q)\wedge\sim q]$가 참이고 $\sim p$가 거짓일 때만 거짓인데, 진리값은 항상 참인 경우만 나타난다. 이렇게 말이다.

p	q	$p{\to}q$	$\sim p$	$[(p{\to}q)\wedge\sim q]$	$\to$	$\sim p$
T	T	T	F	F	T	F
T	F	F	T	F	T	F
F	T	T	F	F	T	T
F	F	T	T	T	T	T

따라서 그것 전체의 부정, $\sim\{[(p{\to}q)\wedge\sim q]{\to}\sim p\}$는 모순 명제다. 항상 참이 되는 명제 중에는 고대로부터 내려오는 아주 유명한 명제

아리스토텔레스

가 있는데 '삼단논법'이 그것이다. 삼단 논법은 2개의 전제와 1개의 결론으로 이루어진 대표적인 간접추리 논법으로 아리스토텔레스에 의해서 이론적 기초가 정립되었다. 삼단논법은 전제의 성격에 따라서 정언삼단논법, 가언삼단논법, 선언삼단논법 등으로 나누는데, 이 중 가장

중요한 것이 정언삼단논법으로 흔히 말하는 삼단논법이 바로 이것이다.

인간은 모두 죽는다. (대전제)
아리스토텔레스도 인간이다. (소전제)
따라서 아리스토텔레스도 죽는다. (결론)

이것은 정언삼단논법의 전형적인 예로서, 인간과 죽음과의 관계를 논하는 대전제와 아리스토텔레스와 인간과의 관계를 논하는 소전제를 통해서 인간인 아리스토텔레스도 반드시 죽는다는 당연한 결론을 자연스럽게 이끌어내고 있다.

동치 명제

명제의 진리값을 구해 보면, 분명 명제의 형태는 다른데 진리값은 같은 경우가 적지 않게 발견된다. 이런 관계를 '동치'라 하고 등호 '−'를 써서 표시한다. 예를 들어 p와 p의 부정의 부정 $\sim(\sim p)$의 진리값은 항상 같게 나오므로 이 두 명제는 동치 관계$[p = \sim(\sim p)]$가 된다.

p	$\sim p$	$\sim(\sim p)$
T	F	T
F	T	F

조건문 $p{\rightarrow}q$로부터는 세 개의 명제를 더 만들어낼 수가 있다. $p{\rightarrow}q$

130

를 뒤집은 역 명제($q{\rightarrow}p$), $p{\rightarrow}q$에서 p와 q를 부정한 이 명제 ($\sim p{\rightarrow}$ $\sim q$), $q{\rightarrow}p$에서 q와 p를 부정한 대우 명제 ($\sim q{\rightarrow}\sim p$)가 그것으로, 처음명제는 대우 명제와 진리값이 같고, 역 명제는 이 명제와 진리값이 같다. 이것은 진리표를 만들어 보면 뚜렷이 알 수 있다.

		명제	역명제			이명제			대우명제		
p	q	$p{\rightarrow}q$	$q{\rightarrow}p$			$\sim p{\rightarrow}\sim q$			$\sim q{\rightarrow}\sim p$		
T	T	T	T	T	T	F	T	F	F	T	F
T	F	F	F	T	T	F	T	T	T	F	F
F	T	T	T	F	F	T	F	F	F	T	T
F	F	T	F	T	F	T	T	T	T	T	T

탐구하기

문제

덜컹 하며 교실문이 열렸고 감독 선생님이 들어왔다.

"여러분들이 어렵다고 느끼는 수학 과목이지만 마지막 시험이니까 끝까지 최선을 다하도록."

최 선생님은 시험지를 나눠주었다.

퐁은 후다닥 시험지를 펴서 1번 문제를 살폈다.

1. 다음의 합성 명제 중에서 항상 거짓인 명제를 모두 골라라.

(1) $p \rightarrow (p \vee q)$

(2) $(p \vee q) \rightarrow p$

(3) $p \rightarrow (p \wedge q)$

(4) $(p \wedge q) \rightarrow p$

(5) $q \rightarrow (p \rightarrow q)$

자, 어느 것과 어느 것일까?

(가) 다섯 명제 모두

(나) $p \rightarrow (p \vee q)$와 $(p \vee q) \rightarrow p$와 $p \rightarrow (p \wedge q)$

(다) $p \rightarrow (p \vee q)$와 $(p \vee q) \rightarrow p$와 $q \rightarrow (p \rightarrow q)$

(라) $q \rightarrow (p \rightarrow q)$

(마) 하나도 없다.

이 다섯 명제의 진리값을 구하면 다음과 같다.

p	q	$p \vee q$	p	$\rightarrow$	$(p \vee q)$
T	T	T	T	$\mathbb{T}$	T
T	F	T	T	$\mathbb{T}$	T
F	T	T	F	$\mathbb{T}$	T
F	F	F	F	$\mathbb{T}$	F

p	q	$p \vee q$	$(p \vee q)$	$\rightarrow$	p
T	T	T	T	$\mathbb{T}$	T
T	F	T	T	$\mathbb{T}$	T
F	T	T	T	$\mathbb{F}$	F
F	F	F	F	$\mathbb{T}$	F

p	q	$p \wedge q$	p	$\rightarrow$	$(p \wedge q)$
T	T	T	T	$\mathbb{T}$	T
T	F	F	T	$\mathbb{F}$	F
F	T	F	F	$\mathbb{T}$	F
F	F	F	F	$\mathbb{T}$	F

p	q	$p \wedge q$	$(p \wedge q)$	$\rightarrow$	p
T	T	T	T	$\mathbb{T}$	T
T	F	F	F	$\mathbb{T}$	T
F	T	F	F	$\mathbb{T}$	F
F	F	F	F	$\mathbb{T}$	F

p	q	$p \rightarrow q$	q	$\rightarrow$	$(p \rightarrow q)$
T	T	T	T	$\mathbb{T}$	T
T	F	F	F	$\mathbb{T}$	F
F	T	T	T	$\mathbb{T}$	T
F	F	T	F	$\mathbb{T}$	T

이 중 진리값이 항상 F로만 나오는 명제는 하나도 없으니 모순 명제
는 없다.

∴ 정답은 (마)이다.

퐁은 재빠르게 1번 문제를 풀고 쏜살같이 2번 문제로 눈을 돌렸다.

2. 두 명제가 있다.

"여름이 오면 덥다."

"더우면 비가 온다."

이것을 이용해서 다음과 같은 합성 명제를 만들었다.

덥지 않으면 여름이 오지 않는다. ············ (1)

여름이 오면 비가 온다. ·············· (2)

비가 오면 여름이 온다. ·············· (3)

비가 오지 않으면 덥지 않다. ················ (4)

처음의 두 명제가 모두 참일 때 반드시 참인 명제라고 할 수 없는 것은?

(가) (1), (2), (3), (4)

(나) (1), (2), (3)

(다) (2), (3), (4)

(라) (3)

(마) 하나도 없다.

처음의 명제를 이럭저럭 합성해서 탄생한 네 명제는 "여름이 온다"와 "덥다"와 "비가 온다"로 구성되어 있다. 그러니 이들을 각각 p, q, r로 나타내자.

즉, "여름이 온다"를 p, "덥다"를 q, "비가 온다"를 r라고 하면 합성 명제 (1), (2), (3), (4)는 다음과 같이 표기할 수가 있다.

덥지 않으면 여름이 오지 않는다 : $\sim q \rightarrow \sim p$

여름이 오면 비가 온다 : $p \rightarrow r$

비가 오면 여름이 온다 : $r \rightarrow p$

비가 오지 않으면 덥지 않다 : $\sim r \rightarrow \sim q$

처음의 두 명제 즉,

여름이 오면 덥다 : $p \rightarrow q$

더우면 비가 온다 : $q \rightarrow r$

이 항상 참이니 $p \rightarrow q$와 $q \rightarrow r$의 대우 명제인 $\sim q \rightarrow \sim p$와 $\sim r \rightarrow \sim q$ 역시 항상 참이다. 그리고 $p \rightarrow q$와 $q \rightarrow r$이 참이니 삼단논법에 의해서 $p \rightarrow r$ 또한 당연히 참이어야 한다. 그러나 명제가 참이더라도 역 명제가 반드시 참이란 보장은 없다. 따라서 "여름이 오면 비가 온다($p \rightarrow r$)"가 참이지만 그것의 역 명제 "비가 오면 여름이 온다($r \rightarrow p$)"가 꼭

참이라고 단언할 수는 없다.

∴ 정답은 (라)이다.

진리값을 구하면서 우리는 p와 q의 두 명제에 대해서만 고려해 보았다. 그래서 p가 T와 F일 때, q가 T와 F일 때의 4가지($2 \times 2 = 4$) 경우만 계산해 보았다. 그러나 여기에 r이란 명제 하나가 더 늘면 그 가지수는 $8(2 \times 2 \times 2 = 8)$개로 증가한다. 그럼 세 개의 명제 p, q, r가 다음처럼 구성된 합성 명제의 진리표를 완성해 보자.

p	q	r	$[(p{\to}q)$	$\wedge$	$(q{\to}r)]$	$\to$	$(p{\to}r)$
T	T	T	T	T	T	T	T
T	T	F	T	F	F	T	F
T	F	T	F	F	T	T	T
T	F	F	F	F	T	T	F
F	T	T	T	T	T	T	T
F	T	F	T	F	F	T	T
F	F	T	T	T	T	T	T
F	F	F	T	T	T	T	T

이 진리표는 삼단논법 "p이면 q이고 q이면 r" 이면 "p이면 r" 이 항상 성립함을 보여주고 있다.

방정식과 부등식

원리를 알면 수학이 쉽다

김상수, 연철진, 마두동의 문제 풀기

문자의 이용

이야기

조용했던 교실 안이 학생들의 웅성거림으로 갑자기 술렁이기 시작했다.

"누굴 시켜 볼까?"

수학 선생님 Miss 퐁은 학생들을 요리조리 살폈다. 학생들은 저마다 선생님과 눈이 마주치지 않으려고 애써 고개를 돌리고 눈을 내렸다. 그러자 Miss 퐁은 출석부를 집었다.

"김상수, 연철진, 마두동은 수학책을 가지고 나오세요."

이름이 불린 세 학생은 당장 지구가 멸망이라도 할 듯이 무거운 한숨을 꺼져라고 내뱉었다. 그에 반해 이름이 불려지지 않은 학생들은 죽음의 역병에 걸리지 않고 용케도 살아남은 사람처럼 안도의 한숨을 내쉬었다.

김상수, 연철진, 마두동은 분필을 쥐고 차례로 칠판 앞에 섰다.

"132쪽 1번 문제를 푸세요."

Miss 퐁이 말했다.

이에 책상에 앉아서 세 학생을 유심히 지켜보고 있던 학생들은 저마다 한 마디씩 내뱉었다.

"쉬운 문제잖아."

"이런 문제일 줄 알았으면 자원해서 풀 걸."

132쪽 1번 문제는 자리수가 똑같은 숫자가 10개 늘어선 덧셈 문제였다.

김상수는 자신있게 문제를 적기 시작했다.

$$15673879876 + 15673879876 + 15673879876 + 1567\cdots\cdots$$

"김상수 뭐 하니?"

김상수는 학생들의 야유에 적다 말고 고개를 돌렸다. 순간 김상수는 얼굴이 벌개지지 않을 수 없었다. 왜냐하면 옆에 서 있던 연철진과 마두동은 이미 문제를 다 풀고 그때까지도 문제 적기에 바빴던 자신을 동물원의 원숭이 구경하듯 빤히 쳐다보고 있었기 때문이다.

김상수는 허겁지겁 자리로 들어갔고 Miss 퐁은 연철진에게 물었다.

"어떻게 그렇게 빨리 풀었나요?"

"15673879876이 10개 늘어서 있으니까 15673879876에 10을 곱했습니다."

"마두동도 그렇게 풀었겠죠?"

"네."

140

"그럼, 문제 하나를 더 내겠습니다."

Miss 퐁은 탁자에 내려놓은 수학책을 다시 집어들어 두 장 넘겼다.

"137쪽 3번 문제를 푸세요."

Miss 퐁은 "이건 시간이 좀 걸릴 걸." 하는 뉘앙스가 담긴 미소를 지으며 말했다.

137번 3번 문제 역시 덧셈 문제였다. 하지만 132쪽 1번 문제와는 그 성격이 달랐다. 같은 자리수의 숫자가 늘어서 있다는 건 다르지 않았으나 그 숫자 끝이 조금씩 달랐다. 다음과 같이 말이다.

$$1234567899 + 1234567898 + 1234567897 + 1234567896 +$$
$$1234567895 + 1234567894 + 1234567893 + 1234567892 +$$
$$1234567891 + 1234567890$$

교과서를 뚫어져라 보고 있던 연철진은 좋은 생각이 떠오르지 않았는지, 일일이 덧셈을 하기 시작했다.

$$1234567899 + 1234567898 = 2469135797$$
$$2469135797 + 1234567897 = 3703703694$$
$$3703703694 + 1234567896 =$$

그러나 마두동은 연철진과는 다른 방법을 이용하여 계산을 하고 있었다.

$$1234567899 + (1234567899{-}1) + (1234567899{-}2) +$$

$$(1234567899\text{-}3) + (1234567899\text{-}4) + (1234567899\text{-}5) +$$
$$(1234567899\text{-}6) + (1234567899\text{-}7) + (1234567899\text{-}8) +$$
$$(1234567899\text{-}9)$$
$$= 1234567899 \times 10 + (\text{-}1\text{-}2\text{-}3\text{-}4\text{-}5\text{-}6\text{-}7\text{-}8\text{-}9)$$
$$= 12345678945$$

마두동이 분필을 내려놓으며 돌아서기가 무섭게 학생들은 요란한 탄성을 내질렀다.

"와와와!"

마두동은 거뜬히 답을 이끌어 내었건만, 이제 겨우 두 번의 덧셈을 끝낸 연철진은 벌개진 얼굴을 푹 숙이며 황급히 자리로 들어가지 않을 수 없었다.

사고하기

문자 사용의 이로움

마두동은 간단히 머리를 써서 계산 속도를 줄여 연철진의 코를 가볍게 눌러주었다. 하지만 마두동이 사용한 방법 역시 가장 간단한 것이라고 볼 수는 없다. 만약 숫자를 문자로 대체하는 방법을 썼더라면 훨씬 빨리 답을 이끌어냈을 것이기 때문이다. 예를 들어 x를 숫자 1234567899를 대신하는 문자라고 하면, 앞의 식은 다음과 같이 변한다.

$$x+(x\text{-}1)+(x\text{-}2)+(x\text{-}3)+(x\text{-}4)+(x\text{-}5)+(x\text{-}6)+(x\text{-}7)+$$
$$(x\text{-}8)+(x\text{-}9)$$
$$=10x+(\text{-}1\text{-}2\text{-}3\text{-}4\text{-}5\text{-}6\text{-}7\text{-}8\text{-}9)$$
$$=10x\text{-}45$$

이것에서 알 수 있듯이 수학에서 문자를 사용하면 (이것을 말 그대로 숫자를 대신한다고 하여 '대수(代數)' 라고 한다) 이로운 점이 많다. 복잡한 수식을 단순화시킬 수 있다든가, 수치 계산의 번거로움을 줄일 수 있다든가, 법칙을 간단 명료하게 나타낼 수 있다든가 하는 것이 그런 것들이다.

(1) 백의 자리 수는 A, 십의 자리수는 0, 일의 자리 수는 B인 세 자리 정수

(2) 둘레가 20센티미터인 직사각형의 가로가 x센티미터일 때, 직사각형의 넓이

(3) 직선 위의 두 점A(x_1), B(x_2)에 대하여 선분 AB를 m : $n(m \rangle 0, n \rangle 0)$으로 내분하는 점

앞의 (1), (2), (3)은 문자를 이용하면 다음과 같이 간단하게 나타낼 수가 있다.

(1´)A0B
(2´) $x(10\text{-}x)$

144

$$(3') \quad \frac{(mx_2 + nx_1)}{(m+n)}$$

수학 기호의 역사

(1′), (2′), (3′) 등과 같이 여러 수량 사이의 관계를 $a, b, c, \cdots x,$ y, z와 같은 문자를 이용하여 표현한 식을 문자식이라고 한다.

이러한 문자식의 등장은 수학 기호의 탄생과 발전이 함께 했었기에 또한 가능했다.

우리가 아무런 느낌도 없이 그저 휘갈기는 덧셈, 뺄셈, 곱셈, 나눗셈, 소괄호, 중괄호, 대괄호, 등호, 부등호, 비례, 근호, 무한대, 거듭제곱…… 등의 기호가 하루 아침에 탄생한 것은 아니다. 아라비아 숫자의 탄생만큼이야 아니지만, 힘겨운 산고가 뒤따랐던 것만은 사실이다. 고대 문명이 극도로 발달한 이집트나 바빌로니아, 그리스에서조차 기호를 사용하지 못하고 긴 문장으로 표현할 수밖에 없었을 정도였으니까.

인류가 기호를 본격적으로 사용하기 시작한 것은 르네상스에 들어서면서부터인데, 수학에서 가장 간단하게 취급하며 심지어는 무시하기까지 하는 더하기(+)와 빼기(−)의 기원을 찾아 떠나면서 다른 기호에 대해서도 같이 살펴보자.

(+)와 (−)를 처음으로 사용했다고 전해지는 사람은 독일의 위드만이다. 위드만은 1489년 출판한 저서에 '지나치다'는 뜻으로 (+)를, '부족하다'는 의미로 (−)를 사용했는데, (+)는 '그리고'란 뜻의 'et'를

빨리 쓰다가, (-)는 minus(마이너스)를 흘려쓰다가 만들어지게 되었다고 전해진다. 그리고 빈 대학의 교수였던 그램 마테우스와 그의 제자인 크리스토프 루돌프의 저서에도 (+)와 (-)의 기호가 보여지고 있으나 이들의 노력이 대중적으로 알려지지 못했다. 시민들 사이에 널리 알려지게 된 것은 16세기가 끝나갈 무렵 프랑스의 수학자 비에트가 일반인에게 (+)와 (-)의 사용을 권장하고 독려함으로써 비로소 이루어지게 되었다.

비에트는 자신의 저서 《해석학》 서설의 3장에 기호 이론을 상세히 서술하고 있는데, 미지수는 물론이고 숫자까지 문자로 바꾸었을 뿐만 아니라 거듭제곱을 틀리지 않은 기호로 표현했다. 하지만 비에트의 방법도 단어를 그대로 사용하는 등 기호화가 완전하게 이루어진 것은 아니어서 불편한 점은 아직 남아 있었다.

같음을 표시하는 등호(=)가 처음으로 등장한 것은 영국의 로버트 레코드가 1557년에 출판한 저서에서였는데, 처음에는 등호를 길게 늘여 사용했다.

곱하기(×)를 처음으로 발명한 사람은 영국의 윌리엄 오프레드로, 1631년에 출판한 저서에 처음으로 사용하고 있다. 이것 말고 오프레드는 비례 기호를 만들어내기도 했는데 오늘날 사용하고 있는 (：)은 아니었다. (：)은 18세기에 들어와 크리스틴 월프에 의해 발명되었다.

그리고 가감승제의 마지막 기호인 나누기(÷)가 처음 등장한 것은 1659년의 일로 비례를 뜻하는 (：)에서 유래되었다고 하며, 발명자는 스위스의 요한 하인리히 랜이다.

한쪽이 크고 작음을 표시할 때 사용하는 부등호(〉와 〈)는 영국의 토

마스 해리어트가 발명했다. 그러나 안타깝게도 해리어트는 이것이 세상에 알려지는 것을 보지 못하고 눈을 감았다.

이외에도 제곱근을 나타내는데 사용하는 근호는 1525년 크리스토프 루돌프가, 숫자와 문자를 한꺼번에 묶어 계산할 수 있는 괄호는 1629년 지라르가, 끝이 없음을 나타내는 기호인 무한대는 1655년 존 윌리스가 처음으로 세상에 발표했다.

벽돌담이 쌓이듯 하나씩 하나씩 늘어가기 시작한 기호화는 17세기의 위대한 철학자이고 과학자였던 데카르트에 이르러 마무리되었다.

데카르트

그러면 비에트와 해리어트를 거쳐 데카르트에 이르기까지 기호화가 어떻게 변천하고 변화했는지 간단한 문장을 통해서 알아보자.

미지수를 세 번 곱한 수와 두 번 곱한 수와 한 번 곱한 수를 모두 더한 값은 같은 미지수를 네 번 곱한 수와 같다.

이 식을 비에트와 해리어트와 데카르트가 창안한 기호식으로 표현하면 각기 이렇게 된다.

비에트 : A cubum＋A quadratum＋A latus seu radix

A quadrato-quadratum

해리어트 : AAA＋AA＋A＝AAAA

데카르트 : $x^3+x^2+x=x^4$

문자식을 이용하는 방법

가감승제를 비롯한 여러 기호의 역사를 살펴보았고, 문자식에 알파
벳 소문자 $a, b, c, \cdots\cdots x, y, z$를 채용하기 시작한 학자가 데카르트였
음을 알았으니, 이제 문자식을 쓰는 방법에 대해서 알아보자. 여기에는
몇 개의 약속이 있다.

> 첫째 : 덧셈(＋)과 뺄셈(－) 기호는 생략하지 않는다. 왜냐하면
> (＋)와 (－)를 생략하면 전혀 엉뚱한 식, 예를 들어
> $x-y+z$가 $xy+z$나 $x-yz$로 변하기 때문이다.
>
> 둘째 : 곱셈(×) 기호는 군이 표시해야 할 필요성이 있지 않는
> 한 생략한다. 예를 들어 a와 b의 곱, $a×b$는 그냥 ab로
> 나타낸다. 그러므로 앞에서 (＋)와 (－)를 마구 생략해서
> 뜻하지 않게 만들어진 xy와 yz는 더하기나 빼기와는 의
> 미가 전혀 다른 x와 y의 곱, y와 z의 곱을 뜻한다는 사실
> 을 알았다.
>
> 그리고 곱셈 기호를 생략할 때, 수와 문자, 수와 괄호, 문자와 문
> 자, 문자와 괄호, 괄호와 괄호, 거듭제곱의 경우마다 일반적으로

지키는 규칙이 있다.

(1) 수와 문자의 곱셈에서는 숫자를 문자 앞에 쓴다. 즉 $2 \times a$나 $a \times 2$와 같은 경우는 $2a$로 통일한다.

(2) 수와 괄호, 문자와 괄호, 괄호와 괄호의 곱셈에서는 괄호 앞의 곱셈 기호를 생략한다. 즉 $3 \times (x-y)$는 $3(x-y)$로, $a \times (x+y)$는 $a(x+y)$로, $(a-b) \times (x-y)$는 $(a-b)(x-y)$로 표현한다.

(3) 문자와 문자의 곱셈에서는 알파벳 순으로 적는다. 즉 $a \times d \times c \times b$와 같은 경우는 곱셈 기호를 생략하고 $abcd$로 나타낸다.

(4) 같은 수나 문자가 여럿 곱해진 거듭제곱의 경우에는 곱셈 기호를 생략하고 수나 문자의 갯수만큼의 수를 수와 문자의 오른쪽 어깨 위에 적는다. 즉 $5 \times 5 \times 5 \times 5$는 5^4으로, $a \times a \times a \times a \times a$는 a^5으로 표기한다.

셋째 : 나눗셈($\div$) 기호는 생략하고 분수의 꼴로 대체한다. 다음처럼 말이다.

$$(-3) \div a = -\frac{3}{a}$$

$$(x-y) \div (a+b) = \frac{x-y}{a+b}$$

넷째 : 어떤 수에 1을 억만 번 곱하고, 어떤 수를 1로 억만 번 나누어도 항상 그 수가 되기 때문에 곱셈과 나눗셈에서 1은

생략한다. 그렇다고 덧셈과 뺄셈에서도 1을 생략하는 건 아니다. 예를 들어 $a \times 1$이나 $a \div 1 = (\dfrac{a}{1})$같은 것을 그 냥 a로 표기한다고 해서 $a + 1$이나 $a-1$을 a로 써서는 절 대 안 된다.

다섯째 : 대분수는 가분수로 바꾼다. 예를 들어 다음과 같이 말 이다.

$$2\frac{3}{5} = \frac{13}{5}, \quad 2\frac{3}{5} \times a = \frac{13}{5}a$$

식의 구성 요소

문자식의 규칙을 알아보았으니 이제는 식을 구성하는 요소가 무엇인 지 알아보도록 하자.

식에 담긴 미지수를 어떤 수로 대체하는 것을 '대입한다'라고 하고 그렇게 해서 얻어진 값을 '식의 값'이라고 한다. 예를 들어, $2a + 3b$라 는 식에 $a=2$와 $b=3$이란 수를 집어넣는 것($2 \times 2 + 3 \times 3$)을 '대입'이 라고 하고, 거기서 나온 값 13(=4+9)을 '식의 값'이라고 한다.

그리고 집어넣은 수가 음수일 때에는 괄호로 묶어서 대입하는 편이 계산의 혼란을 없애 준다. 가령 $2a + 3b$라는 식에 대입할 값이 $a=-2$ 와 $b=-3$이라면 $2 \times (-2) + 3 \times (-3)$과 같이 괄호로 묶어서 대입을 하고 계산하면 착오가 발생하지 않는다는 말이다.

하나의 완성품을 이루고 있는 부분품 각각에 걸맞는 이름이 붙어 있듯, 하나의 식을 이루는 구성체에도 이름이 달려 있다. 식 $3x-7y-5$는 $3x+(-7y)+(-5)$와 다르지 않은 식이므로, $3x$, $-7y$, -5는 이 식을 구성하는 구성체이다. 이때 구성체 $3x$, $-7y$, -5 하나 하나를 식 $3x-7y-5$의 '항'이라 하고, 여러 항의 합으로 이루어진 식을 '다항식'이라고 한다. 물론, 한 개의 항으로 이루어진 식은 '단항식'이라고 한다. 그리고 $3x$와 $-7y$처럼 (수)×(문자)의 형태로 이루어진 항 앞의 수(3, -7)을 '계수'라 하고, -5와 같이 문자 없이 수만으로 이루어진 항을 '상수항'이라고 부른다.

다항식을 부를 때에는 몇 차의 다항식이다라고 하는데, 이때 말하는 차수란 항에 포함된 문자의 곱해진 개수를 일컫는 말로서, 가장 큰 항의 차수를 그 다항식의 차수로 정한다. 예를 들어, 단항식 x^3은 x가 세 번 곱해진 꼴이니 3차, x^2은 두 번 곱해진 꼴이니 2차, x는 한 번 곱해진 꼴이니 1차가 되고, 다항식 $5x^3+7x^2-2x+9$는 최고차 항이 x^3이므로 $5x^3+7x^2-2x+9$는 x의 3차식이 된다.

다항식에는 $5x^3+7x^2-2x+9$처럼 3차식($5x^3$), 2차식($7x^2$), 일차식($-2x$), 상수항(9)이 꼭 한 개씩만 있으란 법은 없다. 같은 차수의 항이 두 개가 있어도 좋고 열 개가 있어도 좋고 백 개가 있어도 좋다. 다음처럼 말이다.

$5x^3+7x^2-2x+9+95x^3+5x^2-90x+100+37x^3+$
$12x^2-654x+3+33x^3+72x^2-26x+34567$

이 다항식에서 차수가 같은 항은 이렇다.

3차항 : $5x^3$, $95x^3$, $37x^3$, $33x^3$

2차항 : $7x^2$, $5x^2$, $12x^2$, $72x^2$

1차항 : $-2x$, $-90x$, $-654x$, $-26x$

상수항 : 9, 100, 3, 34567

이처럼 차수가 다르지 않은 같은 문자의 항을 '동류항'이라고 한다. 다항식의 덧셈과 뺄셈에서 동류항끼리는 마음대로 더하거나 뺄 수가 있다. 가령 앞의 다항식을 동류항끼리 묶고 정리하면 이렇게 된다.

$$(5x^3+95x^3+37x^3+33x^3)+(7x^2+5x^2+12x^2+72x^2)+$$

$$(-2x-90x-654x-26x)+(9+100+3+34567)$$

$$=170x^3+96x^2-772x+34679$$

다항식의 곱셈과 나눗셈에서는 굳이 동류항끼리가 아니더라도 곱하고 나눌 수가 있다. 여기에는 지수 법칙이 적용되는 바, 다항식의 곱셈과 나눗셈은 지수 법칙을 다루는 장에서 다루기로 하자.

탐구하기

문제?

"땡땡땡!"

수업 종료를 알리는 종소리가 울렸다. 이에 3학년 5반 학생들은 환호했다. 토요일 마지막 수업이었으니 그럴 만도 했다. 하지만 곧 이은 수학 선생님 Miss 퐁의 말은 학생들의 들뜬 기분을 식게 하기에 충분했다.

"주말 숙제를 내주겠어요. 다음의 일곱 문장을 모두 문자식으로 바꿔 오도록 하세요."

Miss 퐁은 칠판에 일곱 문장을 적었다.

(1) 5로 나누면 몫이 x가 되고 나머지가 3이 되는 어떤 수 y를 나타 내는 식

(2) 퐁 군의 반은 학생 수가 m명이고 평균 키가 a센티미터이며 퐁 녀의 반은 학생 수가 n명이고 평균 키가 b센티미터일 때, 이 두 반의 평균 키를 나타내는 식

(3) M개의 사과를 나누어 주는데 한 사람에게 a개씩 나누어 주면 b 개가 부족할 때, 사람 수를 나타내는 식

(4) 농도가 x퍼센트인 소금물 200그램 속에 들어 있는 소금의 양을 나타내는 식

(5) 길이가 30센티미터인 구리선을 굽혀서 만든 직사각형의 넓이와 한 변의 길이가 각각 y제곱센티미터와 x센티미터일 때, 이 관계 를 나타내는 식

(6) 280쪽의 소설책을 매일매일 n쪽씩 t일 동안 읽고 남은 쪽수를 나타내는 식

(7) 원금 a원을 연이율 8푼으로 반 년 동안 예금하였을때의 원리합 계를 나타내는 식

퐁은 숙제를 빨리 끝내고 월드컵 중계를 시청하기 위해 집에 돌아오 자마자 책상 앞에 앉아 문제를 풀었다. 그가 적은 문제의 답은 이러했다.

(1) $y = 5x + 3$

(2) $\dfrac{am+bn}{m+n}$

(3) $\dfrac{M+b}{a}$

(4) $2x$그램

(5) $x(15-x)$

(6) $280 - nt$

(7) $a + 0.04a$

자, 그럼 퐁이 푼 문제 중에서 옳다고 생각되는 것을 모두 골라라.

(가) 옳게 푼 문제는 하나도 없다.

(나) (1)과 (2)

(다) (3)과 (5)와 (7)

(라) (1)과 (2)와 (4)와 (6)

(마) 모두가 다 옳다.

(1) 나누어지는 수(피제수)와 나누는 수(제수) 사이에는 다음과 같은 관계가 성립한다.

> 피제수＝제수×몫＋나머지

그러니 5로 나누면 몫이 x가 되고 나머지가 3이 되는 어떤 수 y
는 이렇게 된다.

$$y=5x+3$$

(2) 퐁 군의 반은 m명이고 평균 키는 a센티미터이니 전체 키는 am
이다. 그리고 퐁녀의 반은 n명이고 평균키는 b센티미터이니 전
체 키는 bn이다. 따라서 퐁 군과 퐁녀네 반의 전체 학생의 평균
키는 두 반의 키를 합한 $am+bn$을 전체 학생수 $m+n$으로 나
누면 된다.

(3) M개의 사과를 나누어 주는데 한 사람에게 a개씩 나누어 주면 b
개가 부족하니, M개의 사과에 b개만큼을 더해 주면 모든 사람
에게 a개씩 나누어줄 수가 있다.

$$M+b=a(\text{사람수})$$

따라서 사람 수는 $M+b$를 a로 나눈 값이다.

(4) 소금물의 퍼센트 농도는 이렇게 된다.

$$x\text{퍼센트} = \frac{\text{소금의 양}}{\text{소금물}} \times 100$$

따라서 x퍼센트인 소금물 200그램 속에 들어 있는 소금의 양은
x퍼센트에 소금물 200그램을 곱한 값을 100으로 나눈 $2x$그램
이 된다.

(5) 직사각형의 둘레가 30센티미터이니 가로와 세로의 길이는 그 절
반인 15센티미터이다. 그런데 한쪽의 길이가 x센티미터이니 다
른 쪽 길이는 $(15-x)$이다. 따라서 직사각형의 넓이 y는 가로와

세로를 곱한 $x(15-x)$가 된다.

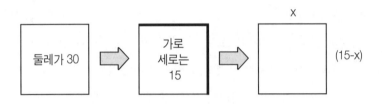

(6) 소설책을 매일 n쪽씩 t일 동안 읽으면 nt쪽이 된다. 따라서 남은 쪽 수는 280쪽에서 nt쪽을 빼면 된다.

(7) 연이율이 8푼이니 반 년 동안의 이율은 4푼이다. 따라서 반년 동안 늘어난 이익금은 원금 a원에 $0.04a$를 더한 값이다.

∴ 정답은 (마)이다.

점심 시간 직후의 수업인지라 학생들의 고개가 연신 아래로 끄덕이고 있었다.

'이거 오늘 내용이 너무 지루한가 보네. 재미있는 숫자 게임을 해볼까.'

하면서, 수학 선생님 Miss 퐁이 칠판에 수를 적었다.

$12345679 \times (ㄱ) = 111111111$

$12345679 \times (ㄴ) = 222222222$

$12345679 \times (\text{ㄷ}) = 333333333$

$12345679 \times (\text{ㄹ}) = 444444444$

$12345679 \times (\text{ㅁ}) = 555555555$

$12345679 \times (\text{ㅂ}) = 666666666$

$12345679 \times (\text{ㅅ}) = 777777777$

$12345679 \times (\text{ㅇ}) = 888888888$

$12345679 \times (\text{ㅈ}) = 999999999$

학생들은 흡사 장난 같은 숫자 놀이에 눈이 번쩍 뜨였다.

"(ㄱ)부터 (ㅈ)까지에 어떤 숫자가 들어가냐 하면……."

Miss 퐁은 학생들의 얼굴을 휙 둘러보고 웃는 얼굴로 말을 이었다.

"9의 배수가 들어가게 됩니다. 즉 (ㄱ)에는 9, (ㄴ)에는 18, (ㄷ)에는 27, (ㄹ)에는 36, (ㅁ)에는 45, (ㅂ)에는 54, (ㅅ)에는 63, (ㅇ)에는 72, (ㅈ)에는 81을 집어넣으면 딱 들어맞습니다."

학생들의 표정은 각각 달랐지만 참으로 신기하고 묘하다는 이미지만은 다르지 않았다.

Miss 퐁은 칠판에 다시 숫자를 적기 시작했다.

$3(\text{가})3(\text{나})3(\text{다})3 = 1$

$3(\text{가})3(\text{나})3(\text{다})3 = 2$

$\{3(\text{가})3(\text{나})3\}(\text{다})3 = 3$

$\{3(\text{가})3(\text{나})3\}(\text{다})3 = 4$

$3(\text{가})\{3(\text{나})3\}(\text{다})3 = 5$

$3(가)3(나)3(다)3=6$

$3(가)3(나)3(다)3=7$

$3(가)3(나)3(다)3=8$

$3(가)3(나)3(다)3=9$

$3(가)3(나)3(다)3=10$

(가), (나), (다)에 더하기($+$), 빼기($-$), 곱하기($\times$), 나누기($\div$) 기호를 적당히 찾아서 집어넣으면 등식이 성립한다. 이 중 (가)에는 ($+$), (나)에는 ($-$), (다)에는 ($+$)가 들어가는 경우는 몇 가지일까?

(1) 하나도 없다.

(2) 한 개 있다.

(3) 다섯 개 있다.

(4) 일곱 개 있다.

(5) 열 개 있다.

(가), (나), (다)에 들어갈 덧셈, 뺄셈, 곱셈, 나눗셈의 기호는 다음과 같다.

$3(\div)3(+)3(-)3=1$

$3(\div)3(+)3(\div)3=2$

$\{3(+)3(+)3\}(\div)3=3$

$\{3(\times)3(+)3\}(\div)3=4$

$3(+)\{3(+)3\}(\div)3=5$

$3(+)3(+)3(-)3=6$

$3(+)3(+)3(\div)3=7$

$3(\times)3(-)3(\div)3=8$

$3(\times)3(+)3(-)3=9$

$3(\times)3(+)3(\div)3=10$

따라서 (가)에는 (+), (나)에는 (-), (다)에는 (+)가 들어가는 경우가 한 가지도 없다.

$\therefore$ 정답은 (1)이다.

좀더 알아봅시다

아라비아 숫자와 덧셈, 뺄셈, 곱셈, 나눗셈의 기호를 적절히 쓰면, 앞의 문제에서 Miss 퐁이 적은 것과 같은 기기묘묘한 숫자 꾸러미들을 계속 만들 수 있다. 그 중 몇 가지를 여기에 더 소개해 본다.

1부터 9까지의 수와 덧셈, 뺄셈, 곱셈, 나눗셈의 기호를 이용하여 100을 만들 수 있다.

$1+2+3+4+5+6+7+8\times9=100$

$(1+2)\times3\times4+5+6\times7+8+9=100$

$1+2\times3+4\times5-6+7+8\times9=100$

$1 \times (2+3) \times 4 \times 5 - 6 + 7 + 8 - 9 = 100$

$(1 \times 2 + 3 \times 4) \times 5 - 6 \times 7 + 8 \times 9 = 100$

$1 \times 2 \times (3 \times 4 + 5 \times 6 + 7 - 8 + 9) = 100$

$1 + 2 \times 3 \times 4 \times 5 \div 6 + 7 + 8 \times 9 = 100$

$1 + \{2 + 3 \times (4+5)\} + 6 + 7 \times 8 + 9 = 100$

아라비아 숫자 1, 12, 123……에 9를 곱한 값에 2, 3, 4……를
차례로 더하면 1로만 이루어진 결과를 얻을 수 있다.

$1 \times 9 + 2 = 11$

$12 \times 9 + 3 = 111$

$123 \times 9 + 4 = 1111$

$1234 \times 9 + 5 = 11111$

$12345 \times 9 + 6 = 111111$

$123456 \times 9 + 7 = 1111111$

$1234567 \times 9 + 8 = 11111111$

$12345678 \times 9 + 9 = 111111111$

수 37037에 3의 배수를 곱하면 동일한 6개의 아라비아 숫자가
연이어진 값이 탄생한다.

$37037 \times 3 = 111111$

$37037 \times 6 = 222222$

$37037 \times 9 = 333333$

$37037 \times 12 = 444444$

$37037 \times 15 = 555555$

$37037 \times 18 = 666666$

$37037 \times 21 = 777777$

$37037 \times 24 = 888888$

$37037 \times 27 = 999999$

사막의 자동차 광
방정식

이야기

    이글거리는 태양은 작열하는 햇살을 내리뱉고, 달구어진 모래밭은 용광로 같은 열기를 뿜어내고 있었다. 지옥의 환경이라고밖에 달리 표현할 만한 단어가 떠오르지 않는 그런 사막 위를 Mr. 퐁은 걷고 있었다.

    Mr. 퐁은 이론 물리학 센터의 연구원으로 재직하고 있는 촉망받는 젊은 박사인데, 아주 독특한 취미를 갖고 있는 괴짜이기도 하다. 자동차 경주를 즐기는 것이 그것인데, 보는 것에 만족하지 않고 카레이서로서 직접 경기에 참여하는 열성 자동차광이다. 카레이서라면 누구나 달려 보기를 원하는 파리-다카르 랠리를 Mr. 퐁도 꿈꾸고 있었다. 그러던 중 기회가 왔다. 2등까지 참가 자격이 주어지는 한국 대표 선발전에서 2등을 하여 기회를 얻은 것이다. 그러나 처녀 출전인 Mr. 퐁에게 파리-다카르 랠리는 힘겨운 레이스가 아닐 수 없었다. 하루 하루 간신히 도착

점에 이르던 행운마저도 모래 바람이 이는 사막 위를 달리는 코스에 접어들어서는 끊어지고 말았다. 엔진 오일 필터는 말할 것도 없고 에어클리너 엘리먼트, 연료 필터, 연료 분사 펌프 속으로 모래가 꽉 들어찼으며 바퀴는 모래 구덩이에 푹 빠져 도저히 헤어나오지 못하게 되었다.

Mr. 퐁은 고민에 빠지지 않을 수 없었다.

'에어컨디셔너가 작동되지 않아서 벌겋게 달구어진 자동차 속에 더 머물러 있다간 통닭구이가 될 것 같고, 그렇다고 누군가 지나가기를 이곳에서 마냥 기다린다는 것도……'

Mr. 퐁은 차에서 내려 무작정 걸었다. 정말 하늘이 무심치 않다면 지나가는 경주용 차나 마을을 만나게 해줄 거라는 생각을 마음 한편에 굳게 굳게 곱씹으면서.

땀은 비오듯 쏟아졌고 목은 쩍쩍 말랐으며 급기야는 정신까지 몽롱해졌다. 육체와 정신이 모두 지쳐 떨어진 이런 상황에서 그것도 따가운 모래 바람을 뚫고 황량한 사막 위를 더 이상 전진한다는 것은 도저히 가능한 일이 아니었다. Mr. 퐁은 고목이 쓰러지듯 맥없이 털썩 주저앉았다. 그런데 눈앞에 희뿌옇게 나타나는 것이 있었다. 야자수가 즐비하게 둘러쳐진 그늘 사이로 샘이 솟아오르는 풍경이었다. Mr. 퐁은 단거리 세계 신기록이라도 수립하겠다는 필사의 달음박질로 달려갔고 둥그런 샘에 이르러서는 다이빙하듯 몸을 날렸다. 그러나 풀썩이며 몸과 얼굴을 감싼 건 시원한 물이 아닌 바싹 마른 모래뿐이었다.

"아~ 신기루."

그렇다. 그건 실제가 아닌 환상이었다. 사막에 접한 더운 공기에 의해서 일어나는 빛의 이상 굴절 현상, 이름하여 신기루였던 것이다.

육신에서 영혼이 빠져나가듯 전신에서 힘이 좌악 빠져나가 손가락마저 움직일 기운도 없었다.

한 10여 분쯤 흘렀을까. 모래 바닥에 그렇게 엎드려 있는 Mr. 퐁의 귓가에 아련한 음성이 들렸다. Mr. 퐁은 고개를 쳐들었다. 매섭게 몰아치던 모래 바람이 조금씩 잠잠해지면서 거대한 물체가 보였다. 그것은 전장 약 70미터, 높이 약 20미터의 거대한 돌상, 그러니까 가제의 스핑크스였다.

"일어나라."

Mr. 퐁은 이것이 꿈이 아니기를 갈망하며 왼손으로 뺨을 꼬집어 보았다. 아팠다. Mr. 퐁은 양팔에 힘을 주어 가까스로 몸을 일으켰다.

"그냥 그렇게 죽으면 너무 섭섭하고 미적지근하지 않은가. 내가 수수께끼를 낼 터이니, 그걸 맞추면 오아시스로 가는 길을 알려주겠다."

"만약 못 맞추면……."

"그야 잡아먹어야지."

스핑크스는 위엄있게 말했으나 Mr. 퐁은 조금도 공포심을 느끼지 않는 듯 보였다. Mr. 퐁은 두 눈을 꼬옥 감고 전설적인 수수께끼를 떠올렸다.

테베의 바위산 부근에 살던 스핑크스가 지나가는 행인을 막고 수수께끼를 냈다.

"새벽에는 네 다리, 낮에는 두 다리, 밤에는 세 다리로 걷는 짐승이 무엇이냐?"

그러나 행인은 수수께끼를 맞추지 못했고, 스핑크스에게 잡아 먹혔다.

그 후 수많은 나그네가 이곳을 지나가다 스핑크스에게 죽음을 당했다.

한 번은 오이디푸스가 이곳을 지나게 되었고, 스핑크스는 역시 같은 수수께끼를 냈다.

"그것은 사람이다."

오이디푸스는 자신에 찬 목소리로 대답했다.

"그 이유가 무엇이냐?"

스핑크스는 매우 놀라며 물었다.

"사람은 어렸을 때 네 다리로 기고, 자라서는 두 발로 걷고, 늙어서는 지팡이를 짚고 걷기 때문이다."

오이디푸스의 명확한 설명에 스핑크스는 아무 말없이 몸을 던져 죽었다.

Mr. 퐁은 빙긋 웃고 스핑크스를 바라보며 당당하게 말했다.

"수수께끼를 내시오."

스핑크스는 그러한 Mr. 퐁의 태도에 심한 불쾌감을 느꼈을 뿐만 아니라 당혹감마저 들었으나 그걸 감춘 채 화답이라도 하겠다는 듯 미소를 지었다.

"한 인간이 있었다. 그는 생애의 6분의 1을 소년으로 보냈고, 12분의 1을 청년으로 지냈으며, 7분의 1이 흐른 다음에 결혼을 하여, 꼭 5년 후에 멋진 아들을 낳았다. 그러나 불행히도 자식은 아버지 나이의 꼭 반을 살다 죽었고, 아들이 떠난 지 4년이 지나자 아비도 삶을 마쳤다. 그는 몇 살까지 살았는가?"

Mr. 퐁은 두 눈을 껌뻑이며 스핑크스를 바라보았다.

등식

스핑크스가 Mr. 퐁에
게 낸 문제는 고대로부터
전해오는 전설적인 수학
문제다. 이 문제의 주인
공은 4세기경 알렉산드
리아의 대수학자 디오판
토스인데, 그의 묘비에
다음과 같은 글귀가 전해
내려온다.

디오판토스의 나이를
구하기 위해 취할 수 있

는 손쉬운 방법은 그의 생애를 미지수로 표현하는 것이다. 즉 디오판토
스가 태어나서 죽을 때까지의 기간을 x라고 하면, 묘비에 적힌 아리송
한 문장은 매우 간단해진다.

생애의 6분의 1을 소년으로 보냈고 : $\dfrac{x}{6}$

12분의 1을 청년으로 지냈으며 : $\dfrac{x}{12}$

7분의 1이 흐른 다음에 결혼을 하여 : $\dfrac{x}{7}$

자식은 아버지 나이의 꼭 반을 살다 죽었고 : $\dfrac{x}{2}$

따라서 디오판토스의 나이는 이 분수들에, 결혼을 하여 아들을 낳기까지의 5년과 자식이 죽은 후 세상과 하직하기까지의 4년을 더하면 구할 수 있다.

$$x(\text{디오판토스의 나이}) = \dfrac{x}{6} + \dfrac{x}{12} + \dfrac{x}{7} + 5 + \dfrac{x}{2} + 4$$

이처럼 미지수 x를 담고 있어서 참이라고 말할 수도 없고 거짓이라고 단언할 수도 없는 등식을 '방정식'이라고 한다.

등식이란 등호(＝)를 사용해서 나타낸 왼쪽과 오른쪽이 다르지 않은 식이다.

3+5=8

$3x+5=8$

등식에서 등호의 왼쪽을 좌변, 오른쪽을 우변 그리고 이 둘을 합쳐서 양변이라고 한다. 또한 등식의 값이 옳으면 참, 틀리면 거짓이라고 한다.

10-3=2 (거짓)

5+4=9 (참)

등식은 다음의 네 가지 중요한 특성을 가지고 있다.

(1) 양변에 같은 수를 더해도 등식은 성립한다.

A=B이면 A+C=B+C이다.

(2) 양변에 같은 수를 빼도 등식은 성립한다.

A=B이면 A-C=B-C이다.

(3) 양변에 같은 수를 곱해도 등식은 성립한다.

A=B이면 A×B=B×C이다.

(4) 양변을 0(영)이 아닌 같은 수로 나누어도 등식은 성립한다.

A=B이면 $\dfrac{A}{C} = \dfrac{B}{C}$ 이다.(단, C≠0)

방정식 풀기 1

방정식이 참이 되게 하는 미지수의 값, 요컨대 x의 값을 그 방정식의 '근' 또는 '해' 라 하고 해를 구하는 것을 '방정식을 푼다' 라고 말한다.

그럼, 디오판토스의 방정식을 풀어보자.

$$x = \frac{x}{6} + \frac{x}{12} + \frac{x}{7} + 5 + \frac{x}{2} + 4$$

우선 우변이 분수 형태이니 통분을 해서 간단히 하자.

6과 12와 7과 2의 최소 공배수는 84이고, 등식은 양변에 같은 수를 곱해도 항상 성립하므로 좌변과 우변에 84를 곱하고 정리하면,

$$84x = 84(\frac{x}{6} + \frac{x}{12} + \frac{x}{7} + 5 + \frac{x}{2} + 4)$$
$$= 14x + 7x + 12x + 420 + 42x + 336$$
$$= (14x + 7x + 12x + 42x) + (420 + 336)$$
$$= 75x + 756$$

등식은 양변에 같은 수를 빼도 항상 성립하므로 좌변과 우변에 $75x$ 를 빼면,

$84x - 75x = 75x - 75x + 756$

$9x = 756$

그리고 등식은 양변을 0(영)이 아닌 같은 수로 나누어도 항상 성립하므로 좌변과 우변을 9로 나누면,

$$\frac{9x}{9} = \frac{756}{9}$$

$x = 84$

이렇게 해서 미지수 x의 값을 구해 디오판토스가 84세까지 살다 갔음을 알았다.

방정식 풀기 2

우리는 디오판토스의 방정식을 풀면서 등식의 성질을 유효적절히 이용했다. 그러나 등식의 성질을 한 단계 건너 뛰어서 계산을 하면 한결 쉽게 해를 이끌어낼 수가 있는데, 그때 취하는 방법이 '이항'이다. 좌변의 항을 우변으로, 우변의 항을 좌변으로 옮기는 것처럼 등호 너머로 항을 넘기는 것을 이항이라고 하는데, 항이 등호를 건너가면 항 앞의 부호가 변한다. 더하기(+)는 빼기(−), 빼기는 더하기, 곱하기(×)는 나누기(÷), 나누기는 곱하기로 말이다.

디오판토스의 방정식을 다시 살펴보자.

$84x = 75x + 756$

등식의 성질에 따라서 앞의 방정식의 양변에 $75x$를 빼지 않고 우변의 $75x$를 좌변으로 이항하면 부호가 바뀌어,

$84x-75x=756$

$9x=756$

이 되고 9를 우변으로 이항하면 나누기가 되어 다음과 같이 된다.

$x=\dfrac{756}{9}$

일차 방정식

이항의 효율성은 방정식이 복잡하면 복잡할수록 더욱 두드러진다. 정리해 보니 디오판토스의 방정식은 미지수 x에 대한 일차식($9x=756$ 또는 $9x-756=0$), 즉 **(x에 관한 일차식) =0**의 꼴로 마무리 되었는데, 이런 모양의 방정식을 '일차 방정식' 이라고 한다.

일차 방정식을 풀다 보면 요상스런 것을 만나기도 하는데, 다음과 같은 형태가 그것이다.

$$0x=0 \cdots\cdots\cdots\cdots (1)$$
$$0x=5 \cdots\cdots\cdots\cdots (2)$$

(1)과 (2)는 엇비슷해 보이지만 품고 있는 뜻은 전혀 그렇지 않다. 0에 어떤 수를 곱하든 그 결과는 항상 0이기 때문에, 모든 수는 반드시 (1)을 만족시키는 반면, 그 어떠한 수라도 (2)를 만족시키는 못한다. 해집합이 (1)처럼 모든 수인 경우를 '부정' 이라고 하고, (2)처럼 하나도 없는 공집합인 경우를 '불능' 이라고 한다. 일차 방정식의 부정과 불능을 그래프로 그려 보면, 부정은 모든 수가 답이어야 하니 직선이 겹치는

꼴이고, 불능은 어떠한 수도 답이 될 수 없으니 평행해서 단 한 곳도 만나지 못하는 모양이다.

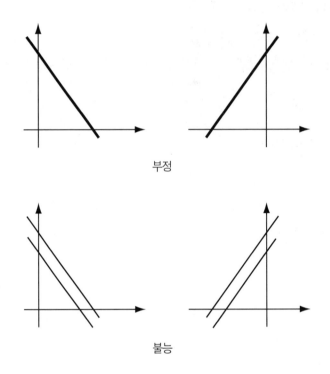

부정

불능

일차 방정식을 등식의 성질을 이용하거나 항을 넘겨서 푸는 순서는 다음을 따르면 무난할 것이다.

(1) 미지수 x를 포함한 식은 좌변으로,
숫자(상수항)는 우변으로 옮긴다.
(2) 양변을 정리하여 $ax=b$의 형태로 만든다.
(3) x의 계수 a를 이항하여 우변을 계산한다.

이차 방정식

어수선한 방정식을 정리하여 계산하였더니 **(x에 관한 이차식)＝0** 의 꼴로 나타났다면 그것은 '이차 방정식'이다. 일차 방정식이 미지수 x의 최고 차수가 1인 꼴을 취하듯, 이차 방정식은 미지수 x의 최고 차수가 2인 모양을 갖는다.

$$ax^2+bx+c=0 \ (단 \ a\neq0)$$

부정과 불능의 경우를 제외하면, 일차 방정식을 만족하는 해는 하나이고, 이차 방정식을 만족하는 해는 둘이다. 이 두 개의 해를 구하는 방법은 여러 가지가 있으나 흔히 만병통치약으로 쓰는 것이 '근의 공식'이다. 이것의 자세한 설명은 '좀더 알아봅시다'에 잘 설명되어 있다.

"1학년 5반 오늘 과학 수업은 실험실에서 할 예정이니 모두 그곳으로 모이세요."

스피커를 통해 전달된 과학 선생님 Mr. 퐁의 말에 학생들은 화들짝 반기며 왁자지껄 과학실로 이동했다. 실험실 대에는 비커, 실린더, 저울, 소금 그리고 물이 준비되어 있었다.

"소금을 이용한 퍼센트(%) 농도 측정을 배울 예정이니 우선 12퍼센트 용액을 만드세요."

한 학기에 한두 번 있을까 말까 한 교실 밖 외출인지라 학생들의 재잘거림은 여전히 가라앉지 않아서 옆사람 말이 들리지 않을 만큼 소란스러워졌다. 그런 탓인지 꼼꼼하기로 소문난 퐁 양은 소금과 물의 양을 잘못 섞었다. 물을 적게 부어서 그만 15퍼센트 용액을 만들고 만 것이다.

소금물의 양이 400그램이었다면, 여기에 몇 그램의 물을 더 넣어야 12퍼센트 용액을 얻을 수 있을까?

(가) 물 50그램을 더 부어야 한다.

(나) 물 100그램을 더 부어야 한다.

(다) 물 150그램을 더 부어야 한다.

(라) 물 200그램을 더 부어야 한다.

(마) 물 250그램을 더 부어야 한다.

우선은 퍼센트 농도를 알아야 한다. 퍼센트 농도는 부분을 전체로 나누고 거기에 100을 곱하면 된다.

$$퍼센트\ 농도 = \frac{부분}{전체} \times 100$$

여기에서 전체는 '소금과 물(소금물)의 양'이고 부분은 소금의 양이다. 따라서 소금물 용액의 퍼센트 농도는 이렇게 된다.

$$\text{소금물의 퍼센트 농도} = \frac{\text{소금의 양}}{\text{소금물의 양}} \times 100$$

이 식은 이항하면 이렇게 바뀐다.

$$\text{소금의 양} = \frac{\text{소금물의 양} \times \text{소금물의 퍼센트 농도}}{100}$$

그러므로 15퍼센트 소금물 속에 포함되어 있는 소금의 양은 다음과 같다.

$$\text{소금의 양} = \frac{400 \times 15}{100}$$
$$= 60$$

그런데 소금물 12퍼센트나 15퍼센트 모두 소금은 줄거나 늘지 않는다. 소금의 양은 그대로인 것이다. 다만, 소금물의 양만 달라질 뿐이다. 왜냐하면 12퍼센트 용액을 만들기 위해선 물을 더 부어 15퍼센트 용액의 농도를 낮추어야 하기 때문이다. 이때 물을 x그램 추가했다면 퍼센트 농도는 다음과 같다.

$$12\% = \frac{\text{소금의 양}}{\text{소금물의 양}} \times 100$$

$$12\% = \frac{\text{소금의 양} \times 100}{15\text{퍼센트 소금물의 양} + x}$$

이 식에 소금의 양 60과 15퍼센트 소금물의 양 400을 대입하면

$$12\% = \frac{60 \times 100}{400 + x}$$

이 되고, 이걸 이항하고 정리하면,

$$12(400 + x) = 600 \times 100$$

$$4800 + 12x = 6000$$

$$12x = 6000 - 4800$$

$$12x = 1200$$

$$x = \frac{1200}{12}$$

$$x = 100$$

이 되므로 물 100그램을 더 부어야 한다는 결과가 나온다.

∴ 정답은 (나)이다.

지금으로부터 2천여 년 전의 어느 겨울날 저녁.

중국 진나라의 산중에 있는 어떤 객주집에 세 명의 투숙객이 등불 아래 모여 앉아 식후의 한담을 즐기고 있었다. 한 사람은 30살쯤 먹어 보이는 체격이 우람한 홍자둥이란 사내였고, 나머지 두 사람은 20살을 갓 넘은 초라한 보부상과 70살쯤 되어 보이는 노인이었다. 생면 부지의 세 사람이 오다가다 객주집에서 우연히 하룻밤을 같이 지내게 된 것이다.

"이곳에 묘한 성이 있다고 들었는데요."

홍자둥은 노인에게 물었다.

"정사성이란 성이라네."

노인은 오른손으로 만지작거리던 턱수염을 가볍게 쓸어내리며 말했다.

"정사성이라…… 어떤 연유에서 성의 이름이 그렇게 지어진 것이옵

176

니까?"

젊은 보부상은 고개를 옆으로 살짝 1회 왕복 운동하고는 노인에게 물었다.

"정사각형의 형상을 하고 있어서 그렇게 붙여졌다네. 그리고 화강암으로 축조된 성의 네 벽은 기가 막힐 정도로 동서남북과 일치를 하지."

"아~ 그래서 정사성이었군요."

젊은 보부상은 고개를 크게 끄덕이며 말했다.

70 노인은 말을 이었다.

"그건 그렇고, 이왕 정사성에 대해 말이 나왔으니, 문제를 하나 낼 테니까 맞혀들 보겠는가?"

"잠도 오지 않는데, 그러죠 뭐."

홍자둥은 젊은 보부상에게 고개를 돌리며 말했고 보부상은 고개를 끄덕였다.

"정사성의 성벽 중앙 모두에는 대문이 나 있는데, 북문을 나서서 북으로 20미터 전진하면 왕송생이라는 500년생 소나무가 있지. 그리고 남문을 나선 사람이 남으로 14미터 걸어간 지점에서 직각으로 틀어 서쪽으로 1775미터 나아가면 왕송생을 볼 수 있다네. 네 성벽의 길이가 얼마인지까지는 묻지 않겠으나 그것을 구하는 이차 방정식만은 구해 보게나."

이런 식의 문제를 만나면, 자세히 그릴 필요는 없지만 그림을 그려보는 것이 문제를 해결하는 데 월등 이롭다. 정사성과 왕송생을 잇는 개략도는 이렇다.

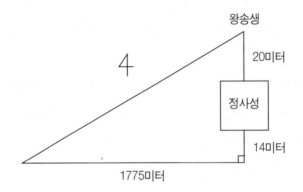

자, 이 그림을 보고 이차 방정식을 이끌어내 보아라.

(가) $x^2 + 14x - 71000 = 0$

(나) $x^2 + 24x - 71000 = 0$

(다) $x^2 + 34x - 71000 = 0$

(라) $x^2 + 44x - 71000 = 0$

(마) $x^2 + 54x - 71000 = 0$

정사성과 왕송생을 잇는 그림에는 직각 삼각형이 두 개 있다. 북문과 왕송생으로 이루어지는 작은 직각 삼각형과 그것을 포함하고 아래로 넓게 펼쳐진 큰 직각 삼각형이 그것이다.

이 두 직각 삼각형은 닮음 관계에 있으니 비례식을 적용할 수가 있다. 따라서 정사성의 한 벽의 길이를 x라고 하면 비례식은 이렇게 된다.

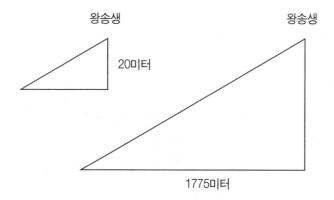

$$\frac{x}{2} : 20 = 1775 : (x+34)$$

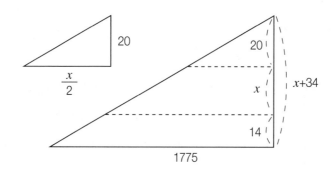

비례식의 특성에 따라 안쪽 항끼리의 곱은 바깥쪽 항끼리의 곱과 같으므로,

$$\frac{x}{2}(x+34) = 20 \times 1775$$
$$x(x+34) = 2 \times 20 \times 1775$$
$$x^2 + 34x = 71000$$

따라서 정사성의 벽 길이를 구하는 이차 방정식은 아래와 같다.

$$x^2 + 34x - 71000 = 0$$

정답은 알아보았지만 한 걸음 더 나아가 보자. 이차 방정식을 풀어서 해를 구하는 방법에는 우리가 앞에서 이름만 언급한 근의 공식 말고도 인수 분해가 있다. 인수 분해는 이차 방정식을 푸는 가장 손쉬운 방법이다. 하지만 모든 이차 방정식이 인수 분해가 가능한 것은 아니다.

교과서에서 다루는 이차 방정식은 거의 인수 분해가 되지만 알고 보면 그렇지 않은 것이 더욱 많다. 비교가 되지 않을 만큼 말이다.

그러나 다행히도 우리가 얻은 이차 방정식은 인수 분해가 된다. 이렇게 말이다.

$$x^2 + 34x - 71000 = 0$$

$$(x + 284)(x - 250) = 0$$

하지만 이것을 찾아내는 일이 결코 쉬운 일은 아니었다. 곱해서 71000이 되고 더해서 34가 되는 수를 금방 찾아낸다는 것은, 몇몇 천재 과학자들은 모르겠으나 지은이와 같은 평범한 사람에게는 한참 버거운 일이 아닐 수 없는 일이다. 지은이는 이 식을 얻는 데 근의 공식을 이용했다. (이것은 "좀더 알아봅시다"에 잘 설명되어 있다.)

얼핏 보기에 짜증스러워 보여서 쓰고 싶지 않은 것이 바로 근의 공식이지만, 일반인의 암산 능력을 벗어나는 이와 같은 문제에 맞닥뜨렸을 경우에 인수 분해를 하기 위해 머리를 쥐어짜는 것보다 근의 공식을 사용하는 편이 결승점에 한결 쉽게 도달하는 지름길일 수 있다.

∴ 정답은 (다)이다.

좀더 알아봅시다

근의 공식은 이렇게 만들어진다.

이차 방정식의 일반식,

$$ax^2+bx+c=0$$

의 x^2의 계수를 1로 만들어주기 위해서 전체를 a로 나눈다.

$$\frac{a}{a}x^2 + \frac{b}{a}x + \frac{c}{a} = 0$$

$$x^2 + \frac{b}{a}x + \frac{c}{a} = 0$$

상수항 $\left(\dfrac{c}{a}\right)$를 우변으로 이항하면,

$$x^2 + \frac{b}{a}x = -\frac{c}{a}$$

좌변을 완전 제곱식으로 만들기 위해서 양변에 $\left(\dfrac{b}{2a}\right)^2$ 을 더

해주면,

$$x^2 + \frac{b}{a}x + \left(\frac{b}{2a}\right)^2 = -\frac{c}{a} + \left(\frac{b}{2a}\right)^2$$

좌변을 인수 분해하고 우변을 정리하면,

$$\left(x + \frac{b}{2a}\right)^2 = \pm\frac{b^2-4ac}{(2a)^2}$$

b^2-4ac가 0보다 크거나 같을 때, 제곱근의 정의에 의해서,

$$x + \frac{b}{2a} = \frac{\sqrt{b^2 - 4ac}}{2a}$$

가 된다. 이 식의 좌변 상수항을 우변으로 이항하면 우리가 원하는 근의 공식을 얻는다.

$$x = -\frac{b}{2a} \pm \frac{\sqrt{b^2 - 4ac}}{2a}$$

$$= \frac{-b \pm \sqrt{b^2 - 4ac}}{2a}$$

원리를 알면 수학이 쉽다

산모 살리기
연립 방정식과 부정 방정식

이야기

날씨는 코끝이 시릴 만큼 매서웠다.

사람들은 신호등 불빛이 바뀌기를 발을 동동 구르며 기다리고 있었다. 마침내 번쩍 하며 녹색불이 들어왔고, 인도 위에 머물던 발들이 썰물이 밀려나가듯 흰색 선이 그어진 횡단보도로 나아갔다. 그 순간 아랫배를 연신 부둥켜 안으며 후미에서 서성이고 있던 30을 갓 넘겼을 듯싶은 여자가 앞으로 후다닥 달려나갔다.

그런데 이게 웬 날벼락인가! 승용차 옆 좌석에 앉은 친구와 즐거이 담소를 나누며 힘차게 달려오던 20대 운전자가 미처 신호가 바뀐 것을 감지하지 못하고 뒤늦게 급브레이크를 밟았으나 그 여인과의 충돌을 피할 수 없었다.

"위윙~ 위윙~ 위윙~."

앰뷸런스가 황급히 응급실로 들어섰고 대기하고 있던 의사와 간호사들이 부리나케 달려들었다.

"어떤 환자인가요?"

응급의학과 레지던트 3년차 강명철은 하지영 간호사에게 물었다.

"교통 사고 환자예요."

하 간호사는 환자의 팔에 꽂은 링거액 병을 왼손에 들고 조심스레 내리면서 대답했다.

의사와 간호사들은 민첩한 행동으로 환자를 침대에 옮겨 실었다. 강명철은 불쑥 솟아오른 환자의 배를 보고 하 간호사를 보았다.

"임산부군요."

하 간호사는 안쓰러운 표정을 얼굴 전체에 흘리는 것으로 대답을 대신했다.

"빨리 산부인과에 연락해."

강명철은 레지던트 1년차 김민석에게 큰소리로 말했고, 그를 제외한 의사와 간호사들은 응급실 안으로 환자를 서둘러 옮겼다.

5층 산부인과 의국에서 잠시 휴식을 취하고 있던 정민주 레지던트가 소식을 받고 긴급히 응급실로 내려오는 동안 응급의학과 의사와 간호사들은 응급 조치를 취하고 있었다.

정민주는 환자의 불끈 솟은 배를 옷 위로 슬쩍 눌러보고 청진기를 갖다대었다.

"자연 분만은 힘들겠는 걸."

정민주는 심각한 표정을 지었다.

"그렇다면…… 수술을 해야 할 텐데……. 당장 해야 할 것 같은가?"

강명철은 너무도 상식적인 걸 너무나 진지하게 물었다.

"그야 산모와 아이를 모두 안전하게 구하길 바라면 빠르면 빠를수록 좋겠지."

"그걸 모르는 건 아니지만…… 이 여인이 교통 사고 환자라서 다친 곳이 어디 한두 군데라야 말이지. 우선 눈에 띄는 곳만도 왼쪽 다리와 오른쪽 팔이 부러졌고 등과 오른쪽 대퇴부가 심하게 벗겨졌으며 눈에서는 약간의 출혈까지 있어. 그리고 뇌에 심한 충격이 갔을지도 모르니 단층 촬영은 당연히 해봐야 하겠고, 장기가 파열됐을지도 모르니 검사도 해봐야 할 게 아닌가? 그래서 아기 낳는 일이 아주 급하지만 않다면 다른 검사와 치료부터 진행시키는 게 우선일 듯 싶어서."

"음……."

정민주는 입술을 굳게 다물고 말을 잊었으나 이내 무겁게 입을 열었다.

"뭐, 부러진 곳이야 지혈만 해주면 생명에 문제가 없으니 정형외과는 일단 미뤄 두고, 생명과 관계는 없지만 눈은 매우 중요한 감각 기관이고 뇌는 더 말할 필요도 없고 장기 또한 중요하니까…… 안과와 내과, 신경외과에는 연락을 했나?"

"곧 내려올 거야."

양반은 못 되는지 강명철 레지던트가 말을 하기가 무섭게 안과의 안명식, 내과의 내동성, 신경외과의 신경식 레지던트가 후다닥 들이닥쳤다.

안명식, 내동성, 신경식은 턱까지 차오른 숨을 고르며 차례로 환자를 살폈다.

"눈동자와는 상관이 없는 간단한 외부 출혈이니까 눈은 크게 걱정하지 않아도 될 상태야."

안명식은 환자의 눈을 비춰 보던 작은 플래시를 끄고는 내동성에게 고개를 돌렸다.

"심각한 상태 같아 보이진 않지만, 장기 파열 같은 건 드러나는 외상이 아니라서……."

내동성은 말 끝을 흐리며 신경식을 쳐다보았다.

"머리도 큰 타격을 입은 것 같진 않아. 하지만 뇌라는 곳이 워낙 중요한 신체의 일부분인데다가, 뇌출혈이 일어나도 겉으로는 나타나지 않는 곳이라서……."

"그럼 좋아, 먼저 CT(컴퓨터 단층 촬영)를 찍어 보자구. 그래서 장기와 뇌에 우려할 만한 상처가 나지 않았다면 우리가 먼저 수술에 들어갈게."

정민주는 내동성과 신경식을 차례로 바라보았고 그들은 고개를 끄덕였다.

환자는 지하 1층 방사선과로 내려가서 사진을 찍었고, 의사들은 부랴부랴 엑스레이 필름과 뇌사진 결과를 판독했다. 천만 다행이었다. 환자의 머리와 장기에는 큰 이상이 없었다. 환자는 곧바로 5층 수술실로 다시 옮겨졌고 이미 수술복으로 갈아입고 대기하고 있던 산부인과 팀은 레지던트 정민주의 주도 아래 제왕 절개 수술에 들어갔다.

30여 분쯤 흘렀을 즈음이었다.

"으앙!"

아기의 울음소리가 터져나왔고, 곧이어 암녹색 수술복 차림의 정민주가 두건과 마스크를 벗으며 두터운 수술실 문을 밀고 나왔다.

"아들이야, 산모도 괜찮아."

정민주는 환하게 웃으며 강명철의 왼쪽 어깨를 툭 쳤다. "고마워"라고 말하며.

사고하기

연립 방정식

교통 사고를 당한 환자와 그녀의 뱃속에 든 또 하나의 생명을 구하기 위해서 전공 분야가 다른 여러 의사들이 힘을 모았다. 그러나 그 병원에 의사가 강명철 혼자였다면 십중 팔구 불행한 일은 벌어졌을 것이다.

이건 비단 의료계에 한정되어 발발하는 상황은 아니다. 다급하고 어렵고 버거운 일이 일어났을 때 여럿이 지혜를 짜고 힘을 합치면 좋은 결과를 얻을 수 있는 건 모든 인간사에 적용되는 만고의 진리다.

수학의 방정식을 푸는 데 있어서도 이것은 절대 예외가 아니다. 많은 문제가 하나의 방정식으로 푸는 것이 불가능하다. 그래서 여러 개의 방정식을 연립해서 문제를 해결하는데, 이런 방정식을 '연립 방정식'이라고 한다.

부정 방정식

Mr. 퐁과 퐁 군은 아버지와 아들 사이다. 그들의 나이차는 28살로, 앞으로 20년 후에는 Mr. 퐁의 나이가 퐁 군의 2배가 된다. 그렇다면 현

188

재 아버지와 아들의 나이는 몇 살인가?

이 문제는 한 개의 방정식으로는 절대 풀리지 않는다. 왜냐하면 밝혀야 할 미지수는 2개(아버지의 나이, 아들의 나이)인데, 방정식은 1개이기 때문이다. 일반적으로 딱 떨어지는 해를 얻기 위해서는 미지수 개수만큼의 방정식이 있어야 한다. 다시 말해서 미지수가 3개면 3개의 방정식, 4개면 4개의 방정식, 5개면 5개의 방정식……이 있어야 딱 떨어지는 해를 구할 수가 있다.

미지수가 방정식보다 많으면 여러 해가 가능한데, 다음의 예를 통해서 구체적으로 살펴보자.

Miss 퐁과 퐁녀가 갖고 있는 구슬을 합하면 넷이다. 이 때 Miss 퐁과 퐁녀가 각각 소유하고 있는 구슬의 수는?

여기에는 미지수가 둘이 있다. Miss 퐁과 퐁녀가 각기 소유하고 있는 구슬의 수가 그것이다. 그런 반면 방정식은, Miss 퐁과 퐁녀가 가지고 있는 구슬을 합한 수 하나뿐이다. 이때 Miss 퐁이 가지고 있는 구슬의 수를 x, 퐁녀가 소유하고 있는 구슬의 수를 y라고 하면, 하나의 방정식은 이렇게 된다.

$x+y=4$

이 방정식은 도저히 연립하여 풀 수는 없다. 하지만 그렇다고 방정식을 푸는 것이 불가능한 것은 절대 아니다. 단지, 그 해가 x와 y에 딱딱 하나씩 돌아가지 못하고 여러 가지가 가능하다는 것이 혼란스러울 뿐이다.

이것의 해는 이렇다.

$(0, 4)$, $(1, 3)$, $(2, 2)$, $(3, 1)$, $(4, 0)$

구슬의 수 해	Miss 퐁	퐁 녀
(1)		○○○○
(2)	○	○○○
(3)	○○	○○
(4)	○○○	○
(5)	○○○○	

즉, 구슬을 Miss 퐁이 하나도 가지고 있지 않으면 퐁녀가 4개 모두, Miss 퐁이 1개면 퐁녀는 3개, Miss 퐁이 2개면 퐁녀는 2개, Miss 퐁이 3개면 퐁녀는 1개, Miss 퐁이 4개 전부 가지면 퐁녀는 하나도 가지고 있지 않아야 한다. 하지만 여기에 하나의 조건 예를 들어,

"Miss 퐁이 가지고 있는 구슬에서 퐁녀가 가지고 있는 구슬을 빼면 두 개가 된다."

가 더 붙으면 다음의 방정식이 탄생한다.

$x-y=2$

이 새로운 또 하나의 방정식 덕분에 미지수와 방정식의 개수가 동일해졌다. 그래서 앞의 다섯해 중 Miss 퐁은 3개, 퐁녀는 1개의 구슬을 가지는 $(3, 1)$만이 해가 된다.

이처럼 미지수보다 방정식의 개수가 적어서 근이 딱 떨어지지 못하

190

는 경우의 방정식을 '부정 방정식'이라고 한다. 그리고 겉보기에는 미지와 방정식의 개수가 같거나 미지수보다 방정식의 개수가 많음에도 부정 방정식이 되는 경우가 있다.

$x+y=3$

$2x+2y=6$

$3x+3y=9$

$4x+4y=12$

잘 보면 이들 네 방정식은 모두 $x+y=3$과 다르지 않다. 그러하기에 이 방정식 역시 해는 딱 떨어질 수 없는 부정 방정식이 되는 것이다.

연립 방정식을 푸는 방법

연립 방정식을 푸는 열쇠는 미지수를 제거하는 것이다. 이것을 '소거'라고 하는데, 그 방법에는 '가감법'과 '대입법' 그리고 '등치법'이 있다.

가감법이란 한 방정식에서 다른 방정식을 더하거나 빼는 방법이고, 대입법이란 한 방정식을 다른 방정식에 삽입하는 방법이고, 등치법이란 한 문자에 대해 푼 양 방정식을 같게 놓는 방법이다. 예를 들어 알아보자.

다음의 두 방정식에 대해서,

$x+y=5$ ········ (1)

$x-y=3$ ········ (2)

1) 가감법

먼저 가감법을 이용해 보자. 두 방정식 (1)과 (2)를 더하면 다음과 같은 새로운 방정식이 만들어진다.

$$\begin{array}{r} x+y=5 \\ +)\ x-y=3 \\ \hline x+y+x-y=5+3 \end{array}$$

$$2x=8$$

좌변의 2를 이항하면,

$$x=4$$

를 얻는다. 이것을 방정식 (1)에 대입하면(물론, 방정식 (2)에 대입해도 무방하다),

$$4+y=5$$

가 되고, 좌변의 4를 우변으로 이항하면,

$$y=1$$

이 된다. 따라서 가감법으로 푼 연립 방정식의 해는 (4,1)이 된다.

2) 대입법

다음으로 대입법에 대해서 살펴보자.

방정식 (2)의 $-y$를 우변으로 이항하면,

$$x=y+3$$

이 되고, 이것을 방정식 (1)의 x에 집어넣고 정리하면 $x+y=5$는 이렇게 변한다.

$$y+3+y=5$$

$$2y+3=5$$

좌변의 3을 우변으로 이항하고 정리하면,

$$2y=5-3$$

$$2y=2$$

$$y=1$$

을 얻는다. 이것을 방정식(1)에 넣으면(물론, 방정식 (2)에 대입해도 무방하다),

$$x+y=5$$

$$x+1=5$$

$$x=4$$

가 된다. 대입법으로 푼 해 역시 (4, 1)로 가감법으로 푼 것과 다르지 않다.

3) 등치법

마지막으로 등치법을 살펴보자.

방정식 (1)과 (2)를 x에 대해서 고치면 이렇게 변한다.

$$x=-y+5 \cdots\cdots (1')$$

$$x=y+3 \cdots\cdots (2')$$

방정식 $(1')$과 $(2')$를 같다고 놓으면,

$$-y+5=y+3$$

이 되고, 미지수는 좌변으로 숫자는 우변으로 이항하고 정리하면,

$$-y-y=3-5$$

$$-2y=-2$$

양변을 -2로 나누면,

$y=1$

을 얻는다. 이것을 방정식 (1)에 대입하면(물론, 방정식 (2)에 대입해도 무방하다),

$x=4$

가 된다. 등치법으로 푼 해 또한 가감법과 대입법으로 얻은 해와 같음을 알 수 있다.

이상을 요약해 보면 연립 방정식의 해를 구하는 방법은 다음에 따르면 쉬울 것이다.

(1) 가감법, 대입법, 등치법 중에서 가장 쉽게 미지수를 소거할 수 있는 방법을 골라서 미지수가 1개인 방정식을 만든다.
(2) (1)에서 구한 방정식을 풀어서 미지수의 값을 구한다.
(3) (2)에서 구한 해를 계산이 간편할 것 같은 방정식에 집어넣어 나머지 미지수의 값을 구한다.

다원 1차 연립 방정식

앞의 아버지와 아들의 나이 문제를 다시 보자. 아버지의 나이를 x, 아들의 나이를 y라고 하면, 아버지와 아들의 나이 차가 28살이고, 20년 후에 아버지가 아들 나이의 두 배가 되므로 연립 방정식은 이렇게 된다.

$$x-y=28$$
$$x+20=2(y+20)$$

이 연립 방정식은 미지수가 2개, 미지수의 차수가 1차이다. 이런 방정식을 '2원 1차 연립 방정식'이라고 한다.

그리고 미지수가 3개이고 그것의 차수가 1차인 방정식은 '3원 1차 연립 방정식'이라고 한다.

$$2x-y+z=4$$
$$3x-2y+4z=17$$
$$5x+y+2z=1$$

미지수가 4개이고 그것의 차수가 1차인 방정식은 '4원 1차 연립 방정식'이라고 한다.

$$x-3y+4z=-11$$
$$2x+5y+7z+2v=2$$
$$3x-4y-2z-v=5$$
$$4x-3y+5z+v=-4$$

그래프를 이용한 연립 방정식의 해

연립 방정식은 그래프를 이용해서도 풀 수가 있는데, 그래프가 만나는 교점이 연립 방정식의 해가 된다. 일차 방정식을 그래프로 그리면 직선이 되는데, 두 직선이 만들어낼 수 있는 교점의 모양은 세 가지가 가능하다. 첫째는 한 점에서 만나는 경우이고, 둘째는 모든 점에서 일치하는 경우이며, 셋째는 평행하여 한 점도 만나는 곳이 없는 경우이다. 이 중 두 직선이 한 점에서 만나는 경우는 그 점의 (x, y) 좌표가 연립 방정식의 해가 되고, 모든 곳에서 일치하는 경우는 해가 무수히 많은 부정이며, 평행하여 한 곳도 만나지 못하는 경우는 해가 없는 불능이다.

1) 그래프가 한 점에서 만나는 경우

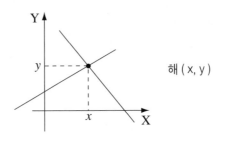

해 (x, y)

2) 그래프가 일치하는 경우

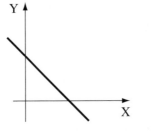

만나는 점이 무수하므로
해는 무한 : 부정

3) 그래프가 평행한 경우

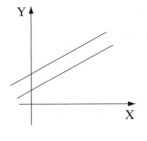

만나는 점이 없으므로
해는 없다 : 불능

탐구하기

문제?

기하학의 창시자 유클리드, 그는 자신이 지은 책에 다음과 같은 재미 있는 문제를 싣고 있다.

노새와 당나귀가 터벅터벅 자루를 운반하고 있었다.
"아이구 힘들어."
너무도 짐이 무거워서 당나귀가 한숨을 쉬었다. 그러자 노새가 읊조 리듯 말했다.
"어째서 너는 그렇게 한탄을 하고 있니? 네가 진 짐에서 한 자루를 내 등에다 옮겨 놓으면 내 짐은 너의 두 배가 되고, 내가 진 짐에서 한 자루를 네 등에다 옮겨 실으면 나와 네가 진 짐은 같아진단다."

수학을 아는 사람들이여, 어서어서 가르쳐 주세요. 노새와 당나귀가 진 짐이 몇 자루인지.
수학을 잘 하는 우리의 청소년 여러분들이여, 어서어서 맞춰 보세요. 노새와 당나귀가 진 짐이 몇 자루인지.

	노새가 진 짐	당나귀가 진 짐
(가)	5자루	5자루
(나)	5자루	7자루
(다)	7자루	5자루
(라)	7자루	7자루
(마)	9자루	9자루

노새가 이고 가는 짐의 수를 x, 당나귀가 지고 가는 자루의 수를 y라고 하면, 미지수가 x, y 두 개인 이원 일차 연립 방정식을 얻는다.

$$x+1=2(y-1)=2y-2 \cdots\cdots\cdots (3)$$

$$x-1=y+1 \cdots\cdots\cdots (4)$$

왜냐하면 당나귀의 짐 한 자루를 노새의 등에다 옮겨 놓으면 노새의 짐이 당나귀의 2배가 되고(3), 노새의 짐 한 자루를 당나귀의 등에다 옮겨 실으면 노새와 당나귀의 짐 수가 같아지기(4) 때문이다.

방정식 (3)에서 (4)를 빼고 정리하면,

$$x+1=2y-2$$
$$-)\,x-1=y+1$$
$$\overline{x+1-(x-1)=2y-2-(y+1)}$$

$$x+1-x+1=2y-2-y-1$$

$$2=y-3$$

$$y=5$$

가 되고, 이 y값을 방정식(3)에 대입하면(물론 방정식 (4)에 대입해도 무방하다) 다음이 된다.

$x+1=2(y-1)$

$x+1=2(5-1)$

$x+1=8$

$x=8-1$

$x=7$

따라서 노새와 당나귀가 지고 있는 짐의 수는 7자루와 5자루이다.

이것은 가감법으로 얻은 결과이다. 그러면 대입법과 등치법으로도 연립 방정식을 풀어 보자.

먼저 대입법으로 연립 방정식을 살펴보자. 방정식 (3)을 x에 대해서 고치면,

$x=2y-2-1$

$x=2y-3$

이 되는데, 이 x값을 방정식 (4)에 대입하고 이항하고 정리하면,

$x-1=y+1$

$2y-3-1=y+1$

$2y-4=y+1$

$2y-y=1+4$

$y=5$

가 된다. y값을 방정식 (3)에 집어넣으면(물론 방정식 (4)에 대입해도 무방하다),

$x+1=2(5-1)$

$$x = 7$$

이 된다.

다음으로 등치법으로 연립 방정식을 해결해 보자.

방정식 (3)과 (4)를 x에 대해서 고치면 각각 (3´)과 (4´)로 바뀐다.

$$x = 2y - 3 \cdots\cdots\cdots (3´)$$

$$x = y + 2 \cdots\cdots\cdots (4´)$$

방정식 (3´)과 (4´)를 같다고 놓고 이항하고 정리하면,

$$2y - 3 = y + 2$$

$$2y - y = 2 + 3$$

$$y = 5$$

가 되고, 이 x값을 방정식 (3)에 집어넣으면(물론 방정식 (4)에 대입해도 무방하다),

$$x = 7$$

이 된다.

따라서 가감법, 대입법 그리고 등치법 중 그 어느 것으로 연립 방정식을 풀어도 해는 다르지 않다는 사실을 다시 한 번 확인할 수 있다.

노새의 짐은 7자루, 당나귀의 짐은 5자루가 된다.

∴ 정답은 (다)이다.

다음과 같은 세 개의 일차 방정식이 있다.

$ax+by=c$ ·············· (1)

$dx+ey=f$ ·············· (2)

$gx+hy=i$ ·············· (3)

이 세 일차 방정식이 한 점에서 만나고, x와 y가 다음의 범위 안에 존재할 때,

   $0 < x < 100$

   $0 < y < 100$

연립 방정식의 해를 가장 잘 나타낸 그래프는?

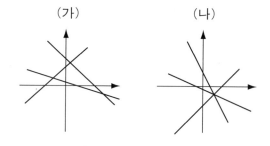

(가)   (나)

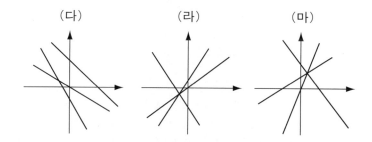

(다)   (라)   (마)

세 개의 일차 방정식이 한 점에서 만나는 그래프는 (나), (다), (라), (마)이다.

그런데 (나), (다), (라), (마)의 그래프가 만나는 교점은 각각 다르다. 즉 교점의 x와 y의 좌표가 존재하는 범위가 다르다. (나)는 x는 양의 범위 y는 음의 범위, (다)는 x는 음의 범위 y는 양의 범위, (라)는 x와 y 모두 음의 범위, (마)는 x와 y 모두 양의 범위이다.

따라서 연립 방정식의 해가 존재할 조건, $0 < x < 100$와 $0 < y < 100$는 모두 x와 y가 양의 범위이니 가장 적절한 그래프는 (마)이다.

∴ 정답은 (마)이다.

"나는 생각한다. 고로 나는 존재한다."

"cogito ergo sum."

이것은 근세 철학의 아버지 데카르트
가 한 명언이다.

그런 탓인지 우리는 데카르트를 유명
한 철학자로는 익히 들어 알고 있다. 하지
만 데카르트가 그에 조금도 뒤지지 않을

데카르트

만큼의 훌륭한 업적을 수학에서도 일궈냈다는 사실을 아는 사람
은 그리 많지 않으리라 본다.

데카르트가 수학 분야에서 쌓은 업적은 한두 가지가 아니다. 그
중에서도 고대 그리스 기하학의 한계를 뼈저리게 느끼고 나서 대
수학의 특징을 가미한 해석 기하학이란 새로운 분야를 창시한 것
은 수학사에 길이 빛나는 업적이다.

그래프를 그릴 때 반드시 사용하는 좌표 평면, 즉 가로축에는 x
좌표와 세로축에는 y좌표를 찍어서 어느 실수 쌍도 그 평면을 벗
어날 수 없는 좌표계를 고안해내어 널리 이용한 인물이 바로 데카
르트였다.

데카르트가 좌표 평면을 만들어내지 못했다면, 연립 방정식을
그래프 상에서 풀기는 어려웠을 터이다.

원리를 알면 수학이 쉽다

말더듬이 니콜로
고차 방정식

이야기

    건물 안은 내로라 하는 수학자들로 붐볐다. 세기의 대결이라고 볼 수 있는 시합을 관전하기 위함이었다.

    "이제 조용히 해주세요."

    심판관이 앞으로 나서며 말했다.

    "선수는 앞으로 나오시오."

    니콜로와 플로리도는 바짝 긴장한 모습으로 책상 앞에 앉았다.

    "자, 선서하시오."

    심판관은 니콜로에게 성경책을 내밀었다. 니콜로는 성경책 위에 손을 얹고 선서를 했다.

    "나… 아… 니… 코… 오… 올… 로… 는… 저… 어… 얼… 대… 부… 우… 저… 정… 해… 애… 앵… 위… 를… 하… 아… 지… 아… 않… 을… 거… 엇… 을… 서… 언… 서… 하… 아… 압… 니… 이… 다."

204

니콜로는 심하게 더듬으며 말했다.

니콜로는 천성적으로 말더듬이가 아니었는데, 그가 이렇게 된 이유는 이러했다. 16세기 초 이탈리아가 프랑스군의 침략을 받았을 때 니콜로가 사는 마을도 심하게 피습을 당했다. 수많은 주민들이 무참히 쓰러졌고 마을은 쑥대밭이 되었다. 그러나 천만다행으로 니콜로는 생명은 건졌으나 턱에 난 상처로 말더듬이가 되었다. 그런 신체적 악조건 속에서도 니콜로는 열심히 공부했다. 하늘은 스스로 돕는 자를 돕는다고 했던가. 돈이 없어서 학교는커녕 책마저 사 보지 못할 형편이었음에도 좌절하지 않고 부단히 노력한 결과는 니콜로에게 베니스 대학의 수학 교수직이라는 명예를 안겨 주었다.

그 당시 수학자들 사이에는 묘한 게임이 유행하고 있었다. 두 명의 수학자가 나와 상대방이 낸 문제를 정해진 시간 동안에 누가 더 많이 푸는가를 겨루는 시합이 그것이었다. 그 시합에서 이긴 수학자에게는 돈과 명예가 뒤따랐기 때문에 참가자들은 신중하고 열성적으로 시합에 참가하고 풀어나갔다.

"먼저 문제를 내시오."

감독관은 플로리도에게 문제지를 주었다. 플로리도는 자신만이 풀수 있으리라고 생각되는 문제를 여럿 골라 자신있게 감독관에게 제출했다.

플로리도의 행동이 이렇듯 자신만만했던 데에는 그만한 이유가 있었다. 플로리도의 스승은 당시 볼로냐 대학의 수학 교수로서, 삼차 방정식 $x^3 + ax = b$꼴의 해법을 알고 있는 페로였다. 페로는 이 방정식의 해법을 제자인 플로리도에게만 알려주고 세상을 떠났던 것이다.

그러나 시합을 앞두고 밤을 세워 가며 끙끙대며 이것의 해법을 알아낸 니콜로는 플로리도가 낸 문제를 몇시간 만에 거뜬히 풀어내었다.

이제 상황은 역전돼 니콜로가 낸 문제를 플로리도가 푸는 입장이 되었다.

감독관으로부터 시험지를 받아든 플로리도는 당황함을 감추지 못했다.

'한 문제도 풀지 못하겠는 걸.'

플로리도는 태연한 척 시험지를 보며 끄덕였다. 하지만 서너 시간을 끙끙 댔어도 제대로 된 답은 하나도 없었다.

"니콜로 승(勝)!"

감독관은 니콜로의 손을 번쩍 들어 완승을 선언해 주었다.

니콜로는 이 승리로 큰 기쁨과 온갖 명예와 적지않은 부를 맛보았다. 그럼에도 이것에 만족하며 안주하기를 거부하였다. 1541년 니콜로는 마침내 삼차 방정식의 일반해를 얻는 데 성공을 했다.

하지만 그것은 불운으로 이어지는데…….

사고하기

일반적으로 이차 이상의 방정식을 고차 방정식이라고 한다. 일차 방정식과 이차 방정식은 미지수(x)의 최고 차수가 1과 2인 방정식이듯, 삼차 방정식, 사차 방정식, 오차 방정식……은 미지수(x)의 최고 차수가 3, 4, 5……인 방정식이다. 이들의 일반적 형태는 다음과 같다.(물론 a는 0이 아니다.)

$$ax^3+bx^2+cx+d=0 \ (\text{삼차 방정식})$$
$$ax^4+bx^3+cx^2+dx+e=0 \ (\text{사차 방정식})$$
$$ax^5+bx^4+cx^3+dx^2+ex+f=0 \ (\text{오차 방정식})$$
……

이차 방정식의 일반적 해는 근의 공식으로 밝힐 수 있듯이, 삼차 방정식과 사차 방정식의 일반적 해 역시 알아낼 수 있는 방법이 있다. 이것을 각각 카르다노의 공식과 페라리의 공식이라고 부른다.

삼차 방정식의 일반해를 밝힌 인물은 분명 니콜로였다. 그런데 일반해의 공식 앞에 니콜로의 이름이 붙지 못하고 카르다노의 이름이 붙기까지는 다음의 사건이 있었다.

니콜로

니콜로가 삼차 방정식의 일반해를 알아냈다는 소식이 전해지자 곳곳에서 사람들이 몰려들었다. 하지만 니콜로는 이렇게 말하면서 아무에게도 그 해법을 알려주지 않았다.

"훗날 내가 쓸 대수학 책에 가장 중요하게 다루어서 집어넣을 내용이니 그때 보도록 하시오."

이것이 니콜로의 첫번째 실수였다.

두 번째 실수는 그토록 완강하게 거부하던 니콜로가 딱 한 사람에게 삼차 방정식의 해법을 알려주었다는 사실이다. 니콜로는

카르다노

208

밀라노의 수학 교수였던 카르다노에게 "다른 사람에게는 절대 말하지 마시오"라는 다짐을 받고 알려주었으나, 그것이 일생 일대의 실수가 되고 만 것이었다. 카르다노는 저서에 삼차 방정식의 해법을 자신이 발견한 양 소개했고, 수학자들은 큰 거부감이나 이의 없이 그것을 카르다노의 공식이라고 지칭하기에 이르렀던 것이다.

그러나 죄의 대가는 반드시 있게 마련인지, 카르다노는 말년을 순탄치 못하게 보냈고, 그의 제자 페라리는 스승이 저지른 행위를 역으로 되받는 아픔에 괴로워해야 했다.

명성이 높아진 카르다노는 우연찮게 관여한 종교적인 문제에 연루되어 수감 생활을 하게 되었다. 그러나 세상은 감옥에서 나온 카르다노를 반겨주지 않았고, 여러 가지 일로 카르다노는 1576년 자살로 일생을 마무리했던 것이다. 그리고 카르다노의 제자 페라리는 사차 방정식의 해법을 자신의 제자인 봄베리에게 갈취당함으로써, 자신의 업적을 남에게 빼앗기는 아픔을 스승을 대신해서 겪어야만 했다.

상반 방정식

중·고등 교육 과정에 고차 방정식을 푸는 문제는 더러 나온다. 하지만 일반해를 구하라고 강요하지는 않는다. 삼차 방정식과 사차 방정식의 일반해가 중·교육 과정의 범주를 넘어서기 때문이다. 교과서에 나오는 고차 방정식들은 인수 분해와 인수 정리로 거의 해결이 된다. 그런 이유로 여기에서는 고차 방정식의 일반해를 구하는 방법은 소개하지 않겠다. 대신 독특한 형태의 방정식을 소개하고자 하는데 '상반 방정식'

이라고 부르는 것이 그것이다.

다음의 방정식을 보자.

$$x^4+7x^3+14x^2+7x+1=0$$

이 사차 방정식의 계수는 x^2의 계수 14를 축으로 해서 왼쪽과 오른쪽이 대칭이다.

1, 7, 14, 7, 1

이런 형태의 방정식을 '상반 방정식'이라고 한다. 4차의 상반 방정식은 양변을 x^2으로 나누는 것이 문제를 해결하는 열쇠다. 그러면 앞의 상반 방정식을 간단히 풀어 보자.

$$x^4+7x^3+14x^2+7x+1=0$$

이것의 양변을 x^2으로 나누고 정리하면,

$$x^2+7x+14+\frac{7}{x}+\frac{1}{x^2}=0$$

$$x^2+\frac{1}{x^2}+7(x+\frac{1}{x})+14=0$$

$$(x+\frac{1}{x})^2-2+7(x+\frac{1}{x})+14=0$$

$$(x+\frac{1}{x})^2+7(x+\frac{1}{x})+14-2=0$$

$$(x+\frac{1}{x})^2+7(x+\frac{1}{x})+12=0$$

여기에서 $x+\frac{1}{x}=y$ 로 놓으면,

$$y^2+7y+12=0$$

이 된다. 이 식을 인수 분해하거나 근의 공식에 대입하여 y값을 구한 다

210

음, 그것을 다시 $x + \dfrac{1}{x} = y$ 에 대입해서 풀면 x값 즉 4차 상반 방정식의 해를 구할 수 있다.

요절한 두 천재 과학자

우리는 앞에서 삼차 방정식과 사차 방정식의 일반해를 구하는 공식을 카르다노의 공식과 페라리의 공식이라고 말했으면서, 오차 방정식의 일반해를 구하는 공식에 대해서는 언급을 하지 않았다. 거기에는 그럴 만한 이유가 있기 때문이다. 초등학교 교육과정을 무사히 마치면 중학교로 올라가고, 중등 과정을 완수하면 고등 과정으로 넘어가듯, 삼차 방정식과 사차 방정식의 해를 얻는 데 성공하자 수학자들은 오차 방정식의 일반해를 구하는 데 온 정열을 쏟았다. 그러나 수많은 수학자들이 근 2백 년이 넘도록 필사의 노력을 기울였음에도 불구하고 해답은 좀처럼 보이지 않았다.

그러다가 19세기에 들어와서 그 답을 찾아냈는데 심히 허탈하게도, "대수적으로 오차 방정식의 일반해는 구할 수 없다"라는 것이 그것이었다. 이것을 증명한 두 수학자가 있었으니, 노르웨이의 아벨과 프랑스의 갈루아가 그들이었다. 아벨과 갈루아는 천재 수학자라는 점뿐만 아니라 털 끝만큼도 운이 따라 주지 않는 비운의 짧은 인생을 살다갔다는 점 또한 유사하다. 그들의 비극적 일화를 소개해 본다.

1802년 노르웨이에서 태어난 아벨은 다른 과목은 관심이 없었으나 수학만은 깊은 흥미를 느꼈다. 오슬로 대학에 입학한 아벨은 정부의 재

아벨

정적 도움으로 유학길에 올랐고, 1824년 마침내 자신의 연구 결과를 발표했다.

"오차 이상의 방정식의 일반해를 대수적으로 구한다는 것은 불가능하다."

아벨은 이 혁신적인 연구 결과를 출판하려고 했으나 그게 뜻대로 되지 않았다. 전해오는 이야기에 의하면, 증명해 놓은 식이 이해하기에 너무 어려웠기 때문이라고 하는데, 아벨은 교수들과 주변의 냉대에 깊은 시름과 고민 끝에 자비로 출판하기로 결정했다. 그러나 경제적으로 그리 넉넉하지 못한 살림이었기에 이해하기 어렵다는 논문의 중간중간을 그나마도 줄여서 당시의 수학자들로부터 관심을 끄는 것은 더욱이나 어려울 수밖에 없었다.

그 후에도 아벨의 고난은 계속되었다. 아벨이 새로 시작한 연구 결과를 파리 아카데미의 수학자 코시에게 보냈으나, 무슨 이유 때문인지는 몰라도 코시는 이것을 거들떠보지도 않았다고 한다. 심한 무력감과 자괴감에 빠져서 프랑스를 떠나 독일로 온 아벨의 생활은 더욱 곤궁해졌고, 앞날에 대한 희망은 하루가 다르게 주저앉아 갔다. 설상가상으로 조금도 낙관적이지 않았던 이런 상황은 천성적으로 몸이 쇠약했던 건강을 극도로 해쳐 급기야 폐결핵에 걸리게 되었고, 결국 아벨은 1829년 서른도 채우지 못한 정말 꽃다운 나이로 세상을 떠나고 말았다. 그러나 우리의 마음을 더더욱 안타깝고 쓰리게 하는 일은 아벨의 죽음 바로 뒤에 있었다. 아벨이 죽은 다음 날 베를린 대학으로부터 그를 교수로 채용하겠다는 임명장이 날아왔으니……

212

아, 운명의 장난도 이 정도에 이르면…….

갈루아는 1811년 파리 교외의 작은 마
을에서 태어났다. 12살 때 파리의 중·고
등 교육 과정에 입학한 갈루아는 다른 과목
은 제쳐 놓고 오로지 수학에만 정열을 쏟았
다. 갈루아는 수학을 좀더 체계있고 전문적
으로 공부하기 위해서 프랑스의 명문교 에
콜 폴리테크닉(공업 대학)에 입학 원서를
제출하고 시험을 쳤으나 결과는 안타깝게

갈루아

도 낙방이었다. 이뿐만이 아니었다. 훗날 갈루아의 정리로 알려진 정수
론에 관한 논문을 발표했으나 큰 주목을 받지 못했고, 방정식론에 관한
논문 한 편도 파리 아카데미에 보냈으나 심사를 맡았던 코시가 그만 원
고를 잃어버리는 불운을 겪었다.

하지만 갈루아의 불행은 여기에서 그치지 않았다. 정치 반대파의 모
함에 시달린 갈루아의 아버지가 자살을 하고 만 것이다. 갈루아는 슬픔
을 딛고 에콜 폴리테크닉에 재차 응시를 했으나 또 고배를 마시고 에콜
노르말(사범 대학)에 입학했다. 에콜 노르말에 들어와서도 갈루아의 관
심은 오로지 수학뿐이었다. 갈루아는 재학중 연구한 논문을 과학 아카
데미에 제출했으나, 이 역시 심사관이었던 푸리에가 논문을 집으로 가
져갔다가 예기치 않게 죽는 바람에 찾을 길이 없었다.

아버지의 죽음과 거듭되는 좌절은 갈루아에게 인생에 대한 회의를
일게 했다. 그러던 갈루아에게 한 가닥 희망의 빛처럼 다가오는 것이 있

었다. 당시 프랑스 사회의 혁명적 분위기에 동승하여 정치 혁명가로 변신하는 것이 그것이었다. 그러나 그도 뜻대로 되지 않고 체포되어서 형을 살게 되었다. 감방 생활중 병을 얻어 요양소로 보내진 갈루아가 틈틈이 쓴 글들은 당시 그의 심정이 어떠했고, 세상을 바라보는 눈이 어떠했는가를 잘 보여주고 있다.

……나는 에콜 폴리테크닉의 시험관들로부터 냉소를 받았음에 틀림없다. 자신들이 두 번씩이나 낙방시킨 내가 뻔뻔스럽게도 논문을 두 번씩이나 냈다는 것은 그들의 눈엣가시였음이 틀림없었을 테니까…….

……이 두 개의 논문 중 처음 것은 이미 위대한 수학자의 눈에 띄었던 것이다. 그러나 내가 과학 아카데미에 그 개요를 보냈을 때 돌아온 답장은 전혀 이해할 수 없다는 것이었다. 내가 생각하는 바로 그것은 그들이 이해하려고 노력하지 않았기 때문이었든가, 이해할 능력이 부족했기 때문이었다…….

……반드시 말하고 싶은 것은, 아카데미 회원이라고 하는 고매한 신사분들이 어떻게 그렇게도 자주 원고를 분실하느냐 하는 것이다…….

병을 얻어 요양소에 머물던 갈루아는 그곳에서 한 여인을 만난다. 전해 오는 말에 따르면, 그 여성은 몸을 파는 여성이었고 그 모두가 비밀경찰의 정치적 음모였다고도 하지만, 그 여인을 차지하고 싶었던 갈루아는 그녀의 또 다른 청혼자에게 결투를 신청했다. 갈루아는 자신의 운명을 예감했던지 결투가 있기 전날 친구에게 자신의 연구 결과를 남겨 주면서, "내가 죽거든 이 논문을 잘 보관하고 있다가 세상에 알려주게 나." 하고 말했다. 그리고 다음 날 갈루아는 아쉽다고 말하기도 서러운 스무살의 짧디짧은 일생을 마감하였다.

고차 방정식과 그래프

삼차 방정식의 일반형, (ax^3+bx^2+cx+d)는 한 개의 솟은 곳과 한 개의 꺼진 곳, 사차 방정식의 일반형 ($ax^4+bx^3+cx^2+dx+e$)는 한 개의 솟은 곳과 두 개의 꺼진 곳, 오차 방정식의 일반형 ($ax^5+bx^4+cx^2+dx^2+ex+f$)는 두 개의 솟은 곳과 두 개의 꺼진 곳을 가진다. 단 $a>0$인 경우이고, $a<0$이면 결과는 반대가 된다.

삼차 방정식의 일반형 ax^3+bx^2+cx+d, $a>0$

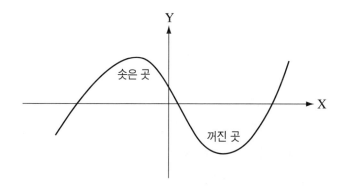

사차 방정식의 일반형 $ax^4+bx^3+cx^2+dx+e$, $a>0$

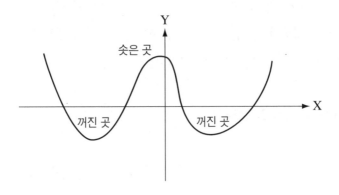

오차 방정식의 일반형 $ax^5+bx^4+cx^3+dx^2+ex+f$, $a>0$

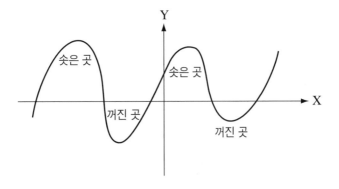

    삼차 방정식, 사차 방정식, 오차 방정식의 일반적 모양을 그래프로 그리면 규칙성을 가지고 있음을 알 수가 있다. 이들 모두는 최고차 항의 계수가 양수냐 음수냐에 따라서 그래프의 끝이 결정된다. 즉 최고차 항의 계수가 양수이면 그래프의 끝이 올라가고 음수이면 내려간다. 이러한 규칙성은 일차 방정식, 이차 방정식에도 그대로 이어진다.

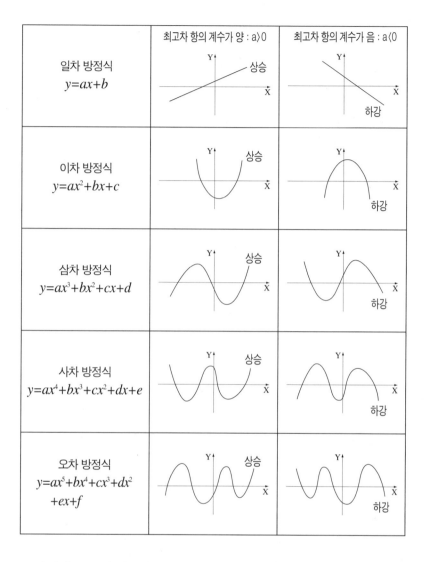

	최고차 항의 계수가 양 : a>0	최고차 항의 계수가 음 : a<0
일차 방정식 $y=ax+b$	상승	하강
이차 방정식 $y=ax^2+bx+c$	상승	하강
삼차 방정식 $y=ax^3+bx^2+cx+d$	상승	하강
사차 방정식 $y=ax^4+bx^3+cx^2+dx+e$	상승	하강
오차 방정식 $y=ax^5+bx^4+cx^3+dx^2$ $+ex+f$	상승	하강

방정식은 분명 차수만큼의 해를 갖는다. 하지만 그것이 항상 실수는 아니고 허수도 상당수 포함된다. 방정식의 실수해를 '실근'이라고 하는데 실근을 몇 개 가질지는 방정식을 끝까지 풀지 않고서도 판단할 수가

있다. 그것은 그래프를 그릴 수 있으면 쉽게 해결이 되는데, 그래프가 x 축과 몇 군데에서 만나는가가 실근의 개수가 된다. 다시 말해 그래프가 x축을 3번 지나면 3개의 실근, 4번 지나면 4개의 실근, 5번 지나면 5 개의 실근, ……을 가진다는 말이다.

그리고 덧붙이면, 하나가 아닌 두 그래프가 함께 어우러져 있으면 그래프끼리 만난 교차점의 수가 실근의 개수가 된다.

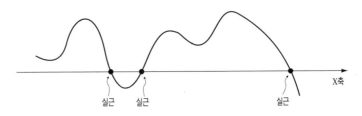

x축과 3번 만나므로 실근의 갯수는 3개

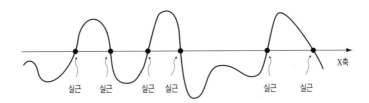

x축과 6번 만나므로 실근의 갯수는 6개

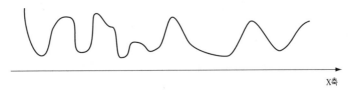

x축과 만나는 점이 없으므로 실근은 없다

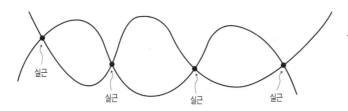

두 그래프의 교차점이 4개이니 실근은 4개

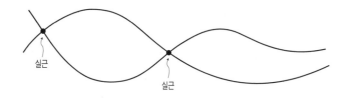

두 그래프의 교차점이 2개이니 실근은 2개

두 그래프의 교차점이 없으니 실근은 없다

탐구하기

문제

퐁녀에게는 아직 어린 동생이 하나 있다. 퐁녀의 부모님이 40줄이
넘어서 본 동생이다.

처음에는 너무 어린 동생이 생겼다는 사실에 집으로 친구들을 초대하기가 좀 쑥스럽기도 했지만, 이제 그런 마음은 싹 가셨다. 요즘 퐁녀의 가족은 동생의 재롱에 웃음이 그치지 않는다.

하루는 동생이 도화지에 곡선을 그려 놓았다.

자세히 살펴보니 두 개의 그래프가 마구 꼬인 6개의 그림이었다.

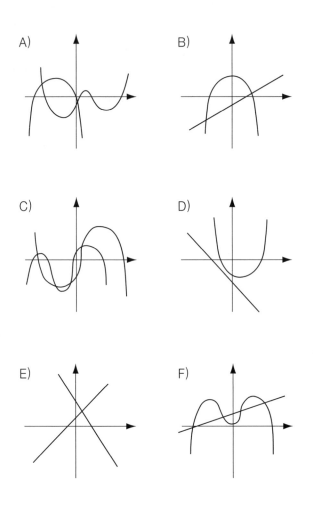

이 각각의 그래프에 A부터 F까지 기호를 붙일 때, 실근의 개수에 대해서 언급한 다음의 말 중 옳은 것은?

(가) 그래프 A는 네 개의 실근을 가진다.

(나) 그래프 B와 D는 허근만 가진다.

(다) 그래프 C와 F는 삼차 방정식과 사차 방정식이 어우러진 그래프이다.

(라) 그래프 E는 한 개의 실근을 가진다.

(마) 가장 많은 허근을 가지는 그래프는 F이다.

그래프 A는 사차 방정식과 이차 방정식이 어우러진 모양으로서 만나는 점이 둘이므로 두 개의 실근을 가진다. 그래프 D는 만나는 점이 없으므로 허근만 가지나, 그래프 B는 이차 방정식과 일차 방정식이 두 점에서 만나므로 두 개의 실근을 가진다. 그래프 C는 사차 방정식과 삼차 방정식이 어우러져 있고, 그래프 F는 사차 방정식과 일차 방정식이 어우러져 있다. 그래프 E는 두 곡선이 한 점에서 만나니 실근 하나를 가진다. 그래프 F는 사차 방정식과 일차 방정식이 네 곳에서 만나서 존재해야 할 해 네 개가 모두 구해졌으니 허근은 하나도 없다.

∴ 정답은 (라)이다.

방정식은 만들기 나름이다. 미지수(x)의 차수를 높여주고 항 앞에 계수를 마음껏 붙여주면 우주가 다하는 그날까지도 방정식은 무한히 만들 수 있다.

그런 때문인지 다양한 방정식을 내고 그 답을 얻어낸 수학자들도 적지 않게 있다.

일본의 수학책 《산법 소녀》에는 이런 방정식이 있다.

$$30000x^5 - 1601620x^4 + 34070206x^3 - 3361134200x^2 +$$
$$1908102200x - 4021608000 = 0$$

물론, 책 속에는 이 오차 방정식을 적어 놓는 것에 그치지 않고 그것의 해 하나를 근사값으로, 10과 20분의 1 ($10\frac{1}{20}$)이라고 제시하고 있다.

또 영국의 한 수학 선생님은 다음과 같은 방정식을 세워 놓고,

$$1379664x^{622} + 2686034 \times 10^{432}x^{153} - 17290224 \times$$
$$10^{518}x^{60} + 2524156 \times 10^{574} = 0$$

이 해 중의 하나가,

83679754310

이라고 했단다.

그렇다면 우리는 미지수의 차수가 짝수로만 이루어진 방정식과 홀수로만 되어 있는 방정식을 생각해 보자. 다음과 같은 식의 방정식을 말이다.

222

$$x^4+x^2=0$$
$$x^5+x^3+x=0$$

이 그래프의 왼쪽 모습이 다음과 같을 때 오른쪽 모습을 가장 잘 나
타낸 것은?

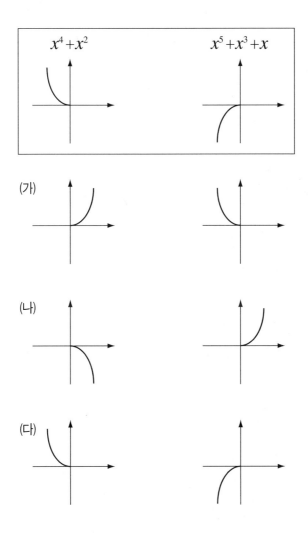

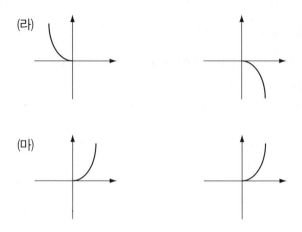

(라)

(마)

방정식 $x^4 + x^2 = 0$처럼 미지수(x)가 짝수의 거듭제곱인 것을 그래프로 표현하면 좌우 대칭이 된다. 즉 y축을 대칭으로 하여 접으면 좌우가 같아진다는 말이다.

그리고 $x^5 + x^3 + x = 0$처럼 미지수(x)가 홀수의 거듭제곱인 것을 그래프로 나타내면 180도 회전시킨 모양이 된다. 즉 원점을 축으로 하여 180도 회전시키면 두 그래프가 같아진다는 말이다.

∴ 정답은 (마)이다.

노르웨이의 천재 수학자 아벨에게 전해내려오는 일화 한 가지를 더 소개해 본다.

아벨은 중학교 시절 자신이 수학에 친근히 다가갈 수 있도록 가르쳐준 은사에게 편지를 쓰면서 하단에 날짜를 기입했다. 그런데 그것이 요상스럽기 그지없었다.

$$\sqrt[3]{6064321219} \text{ 년}$$

그럼 이 암호같은 숫자가 과연 어느 날짜를 뜻하는지 살펴보자.

6064321219의 3제곱근은 1823.5908275……이다.

여기서 소수점 이상의 숫자 즉 1823은 그 해의 연도 곧 1823년을 가리킨다. 그리고 소숫점 이하의 숫자는 1년을 단위로 한 날 수이므로 여기에 365를 곱하면 그해의 1월 1일에서 며칠이 흘렀는지 알 수가 있다.

$$365 \times 0.5908275\cdots\cdots$$
$$= 215.652\cdots\cdots$$

숫자 215.652……는 이미 215일이 지났음을 암시해 주니 그 날은 216일이 되는 날 즉 8월 4일이었다.

원리를 알면 수학이 쉽다

한조의 멸망
부등식

이야기

중국 최초의 황제, 이름하여 진시황.

그가 천하 통일을 이루는 첫 작업은 한(韓)과 조(趙)의 침공으로부터
시작되었다.

진왕은 승상 이사를 불렀다.

"그동안 내정이 어수선하여 천하를 통일하려던 사업이 매우 지연되
었으니, 이제부터는 본격적으로 그 작업에 착수해야겠소. 경은 어느 나
라부터 쳐들어가는 게 좋다고 생각하오?"

"가장 약한 나라인 한나라부터 정벌해 나가시는 것이 최선일 줄로 아
뢰옵니다."

승상 이사는 머리를 조아리며 대답했다.

진왕은 승상 이사의 판단이 옳다고 생각하며 왕전, 환기, 양단화 세
장군에게 군사 10만 명씩을 주어 한을 치라는 명령을 내렸다.

그 소식에 애초부터 진에 대항할 힘이 없던 한은 진과 연접되어 있는 9개의 성을 내주기로 하고 화친서를 진왕에게 보냈다. 화친서의 내용이란, 형식적인 국권만 인정해 주면 예속국이 되어도 무방하다는 것이었다.

그러나 화친서를 받아본 진왕은 소리를 크게 내어 웃으며 그것마저 받아들이지 않았다.

진왕은 내사 진승을 불렀다.

"하하하, 한왕이라는 자는 실로 어리석은 자가 아닐 수 없구나. 우리는 이제 싸우지 않고서도 한나라를 손아귀에 넣을 수 있게 되었소. 그대에게 군사 5만 명을 줄 테니, 한왕을 즉시 잡아오도록 하시오."

한나라에 도착한 진승은 한왕을 만나기가 무섭게 그와 왕족을 체포하여 본국으로 압송했다.

이리하여 한은 나라를 일으킨 지 10대, 164년 만에 멸망하였다.

한나라를 정벌한 진왕은 축하연을 베풀며 그 자리에서 신하들에게 물었다.

"이제는 어느 나라를 쳐들어가는 것이 좋을 듯싶소?"

"조나라는 일찍이 선왕께서 볼모로 잡혀 가 계셨던 원수의 나라이오니, 조나라부터 공격하여 원수를 갚으심이 옳을 줄 아뢰옵니다."

승상 이사가 대답했다.

"좋은 말씀이오. 그러면 이번에는 어느 장수가 조를 쳐서 기쁘게 해 주겠소?"

"신이 비록 늙었사오나, 어명만 내려주시면 일거에 조를 정벌하고 돌아오겠사옵니다."

대장 왕전이 말했다.

이에 진왕은 크게 기뻐하며 왕전에게 군사 10만 명을 내주었다.

왕전은 10만군을 50만 명이라고 속여 가며 조나라의 수도 한단성 근처에 진을 치고 진고를 울리며 기세를 크게 울렸다. 조왕은 그 소식을 듣고 두려워하며 긴급히 중신 회의를 열었다.

"진의 왕전 장군이 군사 50만 명을 이끌고 왔으니 이를 어찌하면 좋겠소?"

"대왕께서는 제나라, 초나라, 위나라에 응원군을 요청하는 사신을 급히 보내시어, 연합군을 형성해 싸우면 진군을 능히 격퇴시킬 수 있을 것으로 생각되옵니다."

승상 이목이 머리를 조아리며 아뢰었다.

"적군이 코 앞에 와 있는데, 어느 세월에 사람을 보내 응원군을 요청한다는 말씀입니까? 비상시에 그런 한가한 대책만 세우시다간 조국의 멸망을 면하기가 어려울 것입니다."

태부 곽계가 자리에서 벌떡 일어서며 큰소리로 반박했다.

"네 놈이 발칙스러워도 분수가 있지, 감히 어전에서 어찌 나라가 망한다는 말을 그리도 함부로 뇌까릴 수가 있느냐. 대왕 전하! 곽계는 분명 역신이 틀림없사오니 저 놈을 당장 처단해 주시옵소서."

정면으로 반박을 당한 이목은 삿대질까지 해 가며 불 같은 호통을 쳤다.

상황이 그처럼 험악해지고 보니, 곽계도 잠자코 있을 수는 없었다.

"누가 누구더러 역신이라는 말이오. 적이 눈 앞에 와 있는데 싸울 생각은 아니하고 남의 힘이나 빌려서 나라를 구하겠다는 사람이 충신이라

면, 대체 그런 썩어빠진 충신이 무슨 필요가 있단 말씀이오?"

조왕은 한숨을 쉬며 탄식했다. 그러고는 이목에게 물었다.

"그래 우리가 요청하면 초나 위가 응원군을 쉽게 보내줄 것 같기는 하오?"

"물론이옵니다."

그러나 태부 곽계는 이 말에도 이의를 달았다.

"대왕 전하! 소신은 승상의 그 말씀도 믿을 수가 없사옵니다. 평원군께서 승상으로 계셨다면, 위나 초는 틀림없이 응원군을 보내줄 것이옵니다. 하지만 평원군께서는 이미 세상을 떠나고 없으니 그들이 누구를 믿고 응원군을 보내주겠사옵니까?"

그야말로 이목으로서는 참기 어려운 모욕적 언사가 아닐 수 없었다.

"네 놈이 나를 모욕해도……. 어찌 감히 그런 말을 지껄이느냐. 여봐라, 저 놈을 당장 끌어내어 하옥시켜라."

이목과 곽계는 왕 앞에서는 도저히 있을 수 없는 극한적인 논쟁을 벌이고 있었다. 하지만 그 모두가 조왕의 무능함에서 기인하는 분란이었으니…….

조왕은 양팔로 허공을 짓누르는 모양을 하며 이목과 곽계를 진정시켰다.

"그대들의 언쟁이 나라를 위하는 마음에서 나온 것이니만큼 고맙기는 하오. 그렇지만 너무 흥분하지 말고 상의합시다. 국론이 이처럼 갈기갈기 찢어져서야 어찌 눈 앞의 국난을 해결해 나갈 수 있겠소. 곽태부의 말씀대로 응원군을 정하기는 어려울 듯 싶으니 우리 힘으로 타개할 방도를 찾아봅시다."

이에 승상 이목이 다시 끼어들었다.

"우리 힘으로 진군을 막아내는 것은 달걀로 바위를 깨뜨리는 것과 다르지 않사옵니다. 더구나 적장 왕전은 천하의 명장이온데, 어떻게 막아낼 수 있겠사옵니까. 아무리 급하더라도 남의 힘을 빌려야 옳을 줄로 아뢰옵니다."

조왕은 다시 흔들리기 시작했다.

신하들이 이렇게 우왕좌왕하고 있을 때에는 누구보다도 앞장서서 결단을 내려야 할 위치에 있는 사람이 왕일진대, 그가 이리도 귀가 얇고 결단력이 부족하니 나라꼴이 될 리가 만무하였다.

곽계는 눈물을 흘리며 승상을 보았다.

"이보시오, 승상. 하늘은 스스로 돕는 자를 돕는다고 했소. 싸워 보지도 않고 앉아서 망하자는 말씀을 어찌 그리 쉽게 하시오. 당신 같은 패배주의자가 국록을 먹어 가며 국사를 좌지우지해 왔으니, 이 나라는 이미 망한 것이나 다름이 없소. 그러나 참새도 죽을 때에는 짹 소리를 지른다고 했는데, 2백년 사직이 떨어져 가는 이 판국에 어찌 남의 힘만 믿자는 것이오?"

이에 조왕은 감명을 받아 곽계에게 물었다.

"우리가 총력을 기울여 싸우면 승리할 가망은 있겠소?"

"국운이 경각에 달려 있는 이 판국에 어찌 승부를 가려가며 싸우겠습니까. 질 때 지더라도 할 수 있는 데까지는 최선을 다해야 한다고 생각하옵니다. 이대로 가만히 앉아서 망하면 천추에 조소거리가 될 것이오니, 대왕께서는 신속히 결단을 내려주시기 바라옵니다."

"좋소, 그러면 싸우기로 할 테니, 경이 앞장을 서 주시오."

곽계는 어전을 물러나오면서 다시 한 번 탄식을 했다.

'아~ 일국의 통치자가 저렇듯 우유부단하니, 어찌 나라를 이끌어 나갈 수 있을 것인가. 조나라는 이미 망한 것이나 다름이 없다.'

태부 곽계는 왕명을 받기가 무섭게 군사를 둘로 나눠 그날 밤에 비장한 각오로 적진을 기습해 들어갈 작전을 세워 놓았다.

그러나 이를 간파한 왕전은 장수들을 급히 불러 긴급 명령을 하달했다.

"오늘 밤에 적군은 우리 진영에 기습을 감행해 올 것이다. 그러니 우리는 8만 군사를 2만 명씩 4부대로 나누어 2부대는 한단성 부근에 잠복해 있다가 적군이 성을 나오거든 그 틈을 타서 성 안으로 노도처럼 몰려 들어가 성을 점령함과 동시에 조왕을 생포하라. 그리고 나머지 2부대는 적이 내습해 오거든 포성이 울리는 것을 신호로 일제히 공격을 가해 일거에 적을 섬멸시키도록 해라. 나는 2만 군사를 거느리고 후방을 지키다가 도망가는 적을 모조리 죽여 없애겠다."

모든 상황은 왕전의 작전대로 들어맞았다. 조나라 병사들은 곽계를 따라 최후까지 싸우려고는 하지 않고 도망치기에 급급했다. 곽계와 끝까지 목숨을 함께 한 병사는 그의 심복 십여 명에 불과하였다.

이리하여 조나라는 개국한 지 11대 182년 만에 마침내 멸망하고 말았다.

조나라를 완전 섬멸했다는 소식을 전해 들은 진왕은 크게 기뻐하며 승상 이사를 대동하고 한단성으로 곧 달려왔다. 왕전은 진왕의 행차에 조나라 백성을 땅에 엎드리게 했는데, 그 길이가 무려 3백 리가 넘었다. 한단성에 입성한 진왕은 일찍이 선친 장양왕이 볼모로 잡혀가 있었을 때 그를 핍박했던 무리와 그들의 삼족을 모조리 색출하여 토갱 속에 생매장해 버렸는데, 그 수가 자그마치 3만 명에 달했다.

그러나 조나라의 태부 곽계가 조국을 지키겠다는 일념으로 최후까지 싸웠다는 얘기를 전해 듣고는 크게 감동하여 이런 특별 명령을 내렸다.

"조나라는 망했으되 곽계만은 만고의 충신이었으니, 그의 시체를 융숭하게 장사지내 주고 사당을 별도로 세워서 모든 백성들의 귀감이 되게 하라."

이후 진왕은 나머지 다섯 나라, 진(秦), 초(楚), 제(齊), 연(燕), 위(魏)를 차례로 점령하고 '황제'라는 칭호를 처음으로 사용하고, 자신을 짐(朕)이라 불렀다.

사고하기

부등호의 의미

한나라와 조나라가 망한 것은 여러 이유가 있을 것이다. 하지만 가장 큰 이유는 이야기에서도 드러났듯이 국력이 미약했기 때문이다.

이를 부등호로 나타내면 이렇게 나타낼 수 있다.

한나라의 국력 〈 진나라의 국력

조나라의 국력 〈 진나라의 국력

부등호란 두 양이 같지 않음을 명시할 때 사용한다. 즉 약하고 강하고, 크고 작고, 무겁고 가볍고…… 등과 같이 대소 관계에 있는 두 양의 상태를 표현할 때 부등호를 이용한다. 부등호를 사용해서 표현한 다음의 예를 보자.

$a > b$: a는 b보다 크다. ········· (1)

$a < b$: a는 b보다 작다. ········· (2)

$a < c < b$: c는 a보다 크고 b보다 작다.

$a \geq b$: a는 b보다 크거나 같다. ········· (3)

$a \leq b$: a는 b보다 작거나 같다. ········· (4)

이 중 등호를 포함하지 않은 (1)은 초과, (2)는 미만이라고 하고 등호를 포함하는 (3)은 이상, (4)는 이하라고 부른다.

그러면 다음의 두 문장을 부등호를 나타내 보자.

3과 6의 곱과 5와 7의 합 ········· (5)

7에서 x를 뺀 수는 3 이상이고 6 미만이다. ········· (6)

(5)에서, $3 \times 6 = 18$이고, $5 + 7 = 12$로서 좌변이 크므로 부등호는 이렇게 된다.

$3 \times 6 > 5 + 7$

(6)에서, 7에서 x를 뺀 수는 $7-x$이고 이상은 등호를 포함하고 미만은 포함하지 않으므로 부등호는 이렇게 된다.

$3 \leq 7 - x < 6$

부등식의 성질

등호를 사용하여 나타낸 수나 식을 방정식이라 하는 것처럼, 부등호를 이용하여 두 수나 식의 대소 관계를 표현한 것을 '부등식' 이라고 한다.

문장 (5)와 (6)을 부등호를 써서 나타낸 두 식 즉 $3 \times 6 > 5 + 7$와 $3 \leqq 7 - x < 6$은 부등식이다.

등식에서와 마찬가지로 부등식의 왼편을 좌변, 오른편을 우변 그리고 그 둘 모두를 가리켜 양변이라고 한다. 또한 좌변과 우변의 값에 대한 부등호의 방향이 옳으면 참, 그렇지 못하면 거짓이라고 한다.

$5 - 1 > 2$ (참)

$7 + 4 < 9$ (거짓)

등식에서도 등식의 성질이 있듯이 부등식에도 부등식의 성질이 있다.

(가) 부등식의 양변에 같은 수를 더해도 부등호의 방향은 바뀌지 않는다.

$A < B$이면 $A + C < B + C$이다.

(나) 부등식의 양변에서 같은 수를 빼도 부등호의 방향은 바뀌지 않는다.

$A < B$이면 $A - C < B - C$이다.

(다) 부등식의 양변에 같은 양수를 곱해도 부등호의 방향은 바뀌지 않는다.

$A < B$이면 $AC < BC$이다.

(라) 부등식의 양변을 같은 양수로 나누어도 부등호의 방향은 바뀌지 않는다.

$A < B$이면 $\dfrac{A}{C} < \dfrac{B}{C}$이다.

(마) 부등식의 양변에 같은 음수를 곱하면 부등호의 방향은 바뀐다.

$A \langle B$이면 $AD \rangle BD$이다.(단, $D \langle 0$)

(바) 부등식의 양변을 같은 음수로 나누면 부등호의 방향은 바뀐다.

$A \langle B$이면 $\dfrac{A}{D} \rangle \dfrac{B}{D}$이다.(단, $D \langle 0$)

우리는 이 6가지의 성질 중에서 아래 2개에 주목할 필요가 있다. (가)에서 (라)까지는 등식의 성질과 다르지 않은 것이지만, (마)와 (바)의 성질은 부등식이 등식과 같을 수 없는 아주 중요한 특성이다. 다시 말해, 부등호는 양수에 대해서는 온건하게 반응을 하지만 음수를 곱하고 나누는 경우에 대해서는 치를 떨 만큼 극심한 반응을 하면서 이전의 상태를 완전히 뒤바꿔 버린다.

그러면 다음의 부등식 $5 \rangle 3$을 통해서 부등식의 성질을 재음미해 보자.

부등식 '$5 \rangle 3$'의 양변에 양수 5를 더하고, 양수 7을 빼고, 양수 2를 곱하고, 양수 8로 나누어도,

$5+5 \rangle 3+5$

$5-7 \rangle 3-7$

$5 \times 2 \rangle 3 \times 2$

$\dfrac{5}{8} \rangle \dfrac{3}{8}$

이처럼 부등호의 방향은 변하지 않는다.

그렇지만 음수 1을 곱하고 음수 15로 나누면,

236

$$5 \times (-1) \langle 3 \times (-1)$$

$$-\frac{5}{15} \langle -\frac{3}{15}$$

이렇듯 부등호의 방향은 여지없이 변함을 알 수가 있다.

일차 부등식

방정식의 해는 몇 개 되지 않는다. 하지만 부등식의 해는 셀 수조차 없는 경우가 비일비재하다. 그것이 모두 부등호의 특성 때문인데, 그럼 그 세상을 탐험하기 위한 첫걸음으로 '일차 부등식' (이항하여 정리한 모양이 일차식으로 변형된 부등식)의 해를 구하는 여행을 떠나가 보도록 하자.

일차 부등식,

$$5+x \langle 3$$

의 양변에 5를 빼면,

$$5+x-5 \langle 3-5$$

$$x \langle -2$$

가 된다.

이 부등식의 해, $x \langle -2$는 -2보다 작은 모든 실수를 뜻한다. 이것을 방정식에서처럼 일일이 원소 나열법으로 표현한다는 것은 불가능한 일이다. 그러한 이유로 부등식에서는 해를 나타내기 위해 수직선을 이용한다.

$x \langle -2$를 수직선 위에 나타내면 다음과 같다.

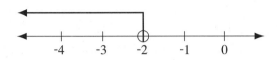

그리고 $x \leqq -2$처럼 등호를 포함한 해는 시작점에 검은 칠을 해서 표시한다. 다음과 같이.

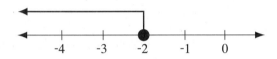

이제 좀더 발전된 일차 부등식을 풀어 보자.

$$\frac{x-1}{2} < x - \frac{x+4}{3}$$

분수를 제거하기 위해서 2와 3의 최소 공배수 6을 양변에 곱하면,

$$\frac{6(x-1)}{2} < 6\left(x - \frac{x+4}{3}\right)$$

$$3(x-1) < 6x - 2(x+4)$$

$$3x - 3 < 6x - 2x - 8$$

$$3x - 3 < 4x - 8$$

x항은 좌변으로 상수항은 우변으로 이항하면,

$$3x - 4x < -8 + 3$$

$$-x < -5$$

양변을 -1로 나누면 부등호가 바뀌어,

$$x > 5$$

가 된다.

이것과 등호가 붙은 $x \geqq 5$를 수직선 위에 나타내면 다음과 같다.

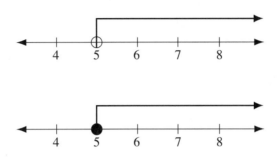

일차 부등식은 다음의 순서에 따라서 차근차근 해결해 나가면 어려움이 없을 것이다.

1. 항 앞의 계수가 분수나 소수면 적당한 수를 곱해서 정수로 만든다.
2. 괄호가 있으면 괄호를 풀어서 전개한다.
3. x의 항은 좌변으로 상수항은 우변으로 이항한다.
4. 양변을 정리하여 $ax < b,\ ax > b,\ ax \leqq b,\ ax \geqq b$의 형태로 고친다.
5. 양변을 x의 계수 a로 나누되, a가 음수이면 부등호의 방향을 바꾼다.

연립 부등식

방정식을 여럿 모아 놓은 것을 연립 방정식이라고 하듯이, 2개 이상
의 부등식을 묶어 놓은 것을 '연립 부등식'이라고 한다. 연립 부등식의
해는 우선 각각의 부등식을 차례로 푼 다음, 그 해들을 수직선 위에 그
려서 공통으로 만족하는 범위를 택하면 얻을 수 있다.

그러면 세 개의 일차 부등식이 어우러진 연립 부등식을 풀면서 공통
해를 구해 보도록 하자.

$$x-3 < 2x$$
$$2x+3 > 3x-2$$
$$6-5x > 4$$

먼저, $x-3 < 2x$의 해를 구해 보자.

부등식 $x-3 < 2x$의 x항과 상수항을 각각 좌변과 우변으로 이항하고
정리하면,

$$x-2x < 3$$
$$-x < 3$$

양변을 -1로 나누면 부등호가 바뀌어 해는,

$$x > -3$$

이 되는데, 이것을 수직선 위에 나타내면 다음과 같다.

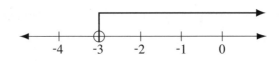

240

다음으로, $2x+3 > 3x-2$의 해를 구해 보자.

부등식 $2x+3 > 3x-2$의 x항과 상수항을 각각 좌변과 우변으로 이항하고 정리하면,

$2x-3x > -2-3$

$-x > -5$

양변을 -1로 나누면 부등호가 바뀌어 해는,

$x < 5$

가 되는데, 이것을 수직선 위에 나타내면 다음과 같다.

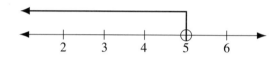

마지막으로, $6-5x > 4$의 해를 구해 보자.

부등식 $6-5x > 4$의 x항과 상수항을 각각 좌변과 우변으로 이항하고 정리하면,

$-5x > 4-6$

$-5x > -2$

양변을 -5로 나누면 부등호가 바뀌어 해는,

$x < \dfrac{2}{5}$

가 되는데, 이것을 수직선 위에 나타내면 다음과 같다.

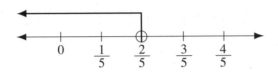

수직선 위에 표시한 이 세 해집합을 한 곳에 모아 그리면 세 개의 일
차 부등식이 공통으로 만족하는 해가 나타난다. 이렇게 말이다.

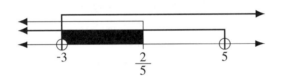

이 해집합은 3보다 크고 $\dfrac{2}{5}$ 보다 작은 구간을 의미한다.

$$-3 < x < \dfrac{2}{5}$$

연립 부등식과 그래프

연립 방정식을 그래프로 그리면 교점이 나타나지만, 연립 부등식을
그래프로 해결하기 위해서는 좌표 평면 상에 만들어지는 부등식의 영역
을 살피면 된다.

부등식 $f(x)$가 0보다 클 때에는 그래프의 윗부분, 0보다 작을 때에는
아랫부분을 뜻한다.

예를 들어, 좌표 평면 상에서 y가 1보다 크거나 같은 $y \geqq 1$의 영역은

직선 $y=1$의 윗부분이고, y가 1보다 작거나 같은 $y \leqq 1$의 영역은 직선 $y=1$의 아랫부분이다. 물론 두 그래프 모두 $y=1$을 포함한다. 단, 직선 y는 1의 영역도 포함한다.

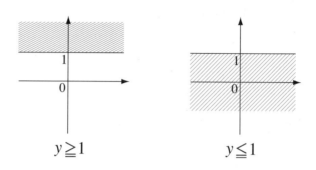

$y \geqq 1$ $y \leqq 1$

탐구하기

문제 ?

풍이 수업을 마치고 집으로 돌아오는 중이었다. 아파트 상가 과일 가게에 먹음직스러운 복숭아와 참외가 진열되어 있었다. 풍이 그 앞에 서서 침을 꿀꺽 삼키자 주인 아주머니가 달려나왔다.

"학생, 이거 싸게 줄 테니까 사가구려."

풍은 주머니에 손을 집어넣어 만지작거리며 동전이 몇 개나 남았는지 세어 보았다. 그의 주머니에는 500원짜리 동전 두 개, 100원짜리 동전 세 개, 50원짜리 동전 한 개가 있었다.

"한 개에 얼마나 하나요?"

"참외는 200원, 복숭아는 150원씩 파는데 학생한테는 특별히 150원, 100원씩에 주지."

퐁은 자신이 가지고 있는 돈으로 복숭아와 참외를 합쳐서 열 개를 사되, 복숭아보다 참외를 더 많이 사고 싶었다. 참외는 몇 개까지 살 수 있을까?

(가) 세 개나 네 개

(나) 네 개나 다섯 개

(다) 다섯 개나 여섯 개

(라) 여섯 개나 일곱 개

(마) 일곱 개나 여덟 개

이 문제가 궁극적으로 묻는 과일은 참외이니 참외의 개수를 x라 놓자. 그러면 퐁이 사고자 하는 과일의 총 개수는 10개이므로 복숭아는 열 개에서 x를 뺀 개수만큼 살 수 있다.

따라서 퐁이 지불할 참외와 복숭아의 값은 각각의 값에 개수를 곱하면 된다.

참외의 값 : $150x$원

복숭아의 값 : $100(10-x)$원

복숭아와 참외를 사는 돈은 500원짜리 아이스크림을 사고 남은 돈의 범위를 넘지 않아야 하므로,

$$150x + 100(10-x) \leq 1000 + 300 + 50 \cdots\cdots\cdots\cdots (a)$$

그리고 퐁은 참외를 더 많이 사길 원했으므로 참외의 개수는 복숭아의 개수보다 많아야 한다.

$$x > 10-x \cdots\cdots\cdots (b)$$

부등식 (a)와 (b)를 연립하여 풀면 퐁이 사고자 하는 참외의 개수를 얻을 수 있다.

부등식 (a)를 이항하고 정리하면,

$$150x+1000-100x \leq 1350$$

$$150x-100x \leq 1350-1000$$

$$50x \leq 350$$

$$x \leq 7$$

이 되고, 이 영역을 수직선 위에 표시하면 다음과 같다.

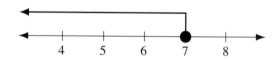

방정식 (b)를 이항하고 정리하면,

$$x+x > 10$$

$$2x > 10$$

$$x > 5$$

가 되고, 이 영역을 수직선 위에 나타내면 다음과 같다.

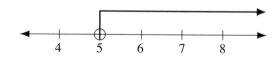

그러므로 이 두 해집합을 수직선에 함께 그려 넣고 그 공통 집합을 구하면 x의 범위는 5보다 크고 7보다 작거나 같게 된다. 즉,

$$5 < x \leqq 7$$

이다.

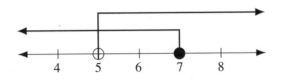

이 범위 안에 드는 참외의 개수는 여섯과 일곱이 가능하다.

∴ 정답은 (라)이다.

$y=x+1$의 그래프는 직선, $y=x^2$의 그래프는 포물선, $x^2+y^2=1$의 그래프는 원이다.

이 세 그래프를 한 좌표 평면에 모으면 다음과 같은 혼합된 그림을 얻는다.

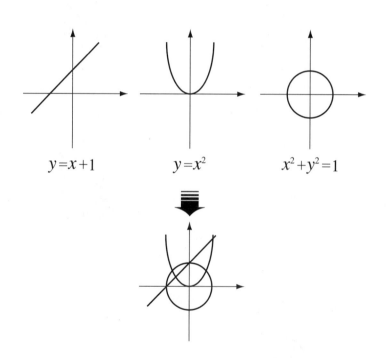

$$y=x+1 \qquad y=x^2 \qquad x^2+y^2=1$$

이때 다음의 세 부등식 즉,

$$y \geqq x+1$$

$$y \geqq x^2$$

$$x^2+y^2 \leqq 1$$

가 이루는 공통 해를 올바르게 나타낸 그림은?

(가)
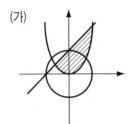

(나)
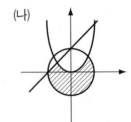

(다)
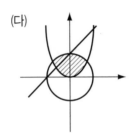

(라)
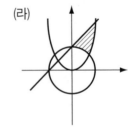

(마)
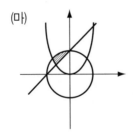

부등식이 만족하는 영역은 크거나 같으면 그래프의 윗부분, 작거나 같으면 그래프의 아랫부분이다.

따라서 크거나 같은 경우의 그래프 $y \geq x+1$과 $y \geq x^2$이 만족하는 부분은 윗부분, 작거나 같은 경우의 그래프 $x^2+y^2 \leq 1$이 만족하는 영역은 아랫부분이 된다. 원의 아랫부분이란 다름 아닌 원의 내부를 뜻한다.

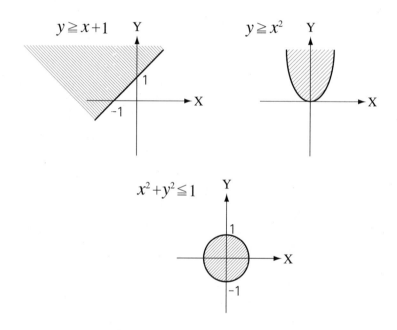

원의 아랫부분이 의심스럽다면, 빗금친 영역에 포함되는 좌표 하나를 선택하여 부등식이 만족하는지를 살펴 보면 된다. 예를 들어, 좌표 $(0, 0)$을 부등식 $x^2+y^2 < 1$에 대입해 보면,

$$0+0 < 1$$

로서 만족함을 알 수 있다.

그러므로 세 부등식이 공통으로 만족하는 영역은 직선의 위쪽과 포물선의 안쪽과 원의 내부를 동시에 만족하는 영역인 (마)이다.

∴ 정답은 (마)이다.

좀더 알아봅시다

부등식에는 '절대 부등식'이란 것이 있다. 절대 부등식이란 항상 성립하는 부등식이다. 다시 말해서, 어떤 수에는 만족하고 또 어떤 수에는 만족하지 않는 그런 '조건 부등식'이 아닌 모든 실수에 대해서 반드시 성립하는 그런 부등식을 절대 부등식이라고 한다.

절대 부등식에는 이러한 것들이 있다.

$$a^2+b^2 \geq 2ab$$
$$a^2+2ab+b^2 \geq 0$$
$$a^2-2ab+b^2 \geq 0$$
$$a^3+b^3+c^3 \geq ab+bc+ca$$
$$a^2+b^2+c^2 \geq 3abc$$
$$a^2 \pm b^2 \geq 2ab$$
$$\frac{a+b}{2} \geq \sqrt{ab} \geq \frac{2ab}{a+b} \ (a>0, \ b>0)$$

$$(a^2+b^2)(x^2+y^2) \geqq (ax+by)^2 \cdots\cdots\cdots \text{(S1)}$$

$$(a^2+b^2+c^2)(x^2+y^2+z^2) \geqq (ax+by+cz)^2 \cdots\cdots\cdots \text{(S2)}$$

이 중 (S1)과 (S2)는 '쉬바르쯔 부등식'이라고 해서 널리 이용되는 부등식이다.

원리를 알면
수학이 쉽다

찍은날 ┃ 2009년 10월 19일
펴낸날 ┃ 2009년 10월 26일

지은이 ┃ 송은영
펴낸이 ┃ 조 명 숙
펴낸곳 ┃ 동산 맑은창
등록번호 ┃ 제16-2083호
등록일자 ┃ 2000년 1월 17일

주소 ┃ 서울 · 금천구 가산동 771 두산 112-502
전화 ┃ (02) 851-9511
팩스 ┃ (02) 852-9511
전자우편 ┃ hannae21@korea.com

ISBN 89-86607-49-2 03410

값 7,500원

• 잘못된 책은 바꾸어드립니다.

1994년 ~ 2006년
수능 언어영역 출제 작품선
한국 고전 소설

신국판 / 638쪽 / 값 12,000원

신영재 : 〈훈민정음〉 국어전문학원장
임성옥 : 〈깊은 생각〉 논술전문학원장
채대일 : 소설가. 문학박사과정
최수정 : 고려대학교 국문과 졸업

유충렬전 | 2006년

최고운전 | 2005년

심생전 | 2004년

창선감의록 | 2003년

토끼전 | 2002년

이생규장전 | 2001년

사씨남정기 | 2000년

춘향가 | 1999년

구운몽 | 1998년

어우야담 | 1997년

홍길동전 | 1996년

춘향가 | 1995년

양반전 / 심청전 | 1994년 2차

흥부전 / 사복불언 | 1994년 1차

부 록 | 수능고사 기출문제 / 정답 및 해설